JN173019

これだけは知っておきたい

沖縄フェイク偽の見破り方

琉球新報社編集局 編著

高文研

◆——はじめに

偽ニュースの時代に真実を

琉球新報社編集局・編集局長　普久原　均

マルクスあたりが生きていれば、さしずめこんなふうに言うだろう。「一匹の妖怪が世界中を徘徊《はいかい》している。『フェイク（偽）ニュース』という妖怪が——」。

トランプ大統領を誕生させた２０１６年の米大統領選挙で「ローマ法王もトランプ氏支持」などという虚偽情報が席巻し、一気にこの言葉が知られるようになった。「クリントン氏が児童売春組織に関与している」というフェイクニュースを真に受けた男が、拠点とされたレストランを襲撃したというから冗談で済まない。投票直前の３カ月、米国で最も拡散した記事の上位20本を見ると、フェイクニュースの方が主要メディアの記事より多かった。虚偽情報の方が正確な報道より影響力を持つ時代に入ったのである。

ことは米国にとどまらない。日本でもインターネットを見ればおびただしい量の虚偽情報が流《る》布《ふ》している。一見してそれと分かるものが多いが、いかにも真実らしい装いを帯びているものもある。沖縄の、とりわけ米軍基地をめぐるネット情報も例外ではない。それがまた、虚実入り乱れるどころか、虚構の方がのさばっているありさまだ。まさに「悪貨が良貨を駆逐」しているのである。

基地に関する虚偽情報は、かつては沖縄でも素朴に信じられていたものが多い。例えば海兵隊が抑止力になっている、という漠としたイメージは、多くの人が共有していた。だが実際の出動経路を考慮すると九州または中国地方に配置した方が合理的であり、そもそも中国との有事で海兵隊が出動する可能性がほぼないことが明らかになると、海兵隊が沖縄に必要という議論は、完全に後退した。沖縄のしまくとぅばで嘘を「ユクシ」と言うが、「抑止力はユクシ（嘘）力」とやゆされるまでになっているのだ。

「基地経済」という言葉は古くからあるから、基地がなくなると経済的に打撃を受ける、という見方も沖縄の人自身、そう思い込んでいた。基地の見返りとして莫大な財政支援を得ているというのも同様の思い込みだ。

だが近年、沖縄ではいくつかの基地が返還され、その跡地は例外なく市街地として大きく発展した。雇用、すなわちその土地で働く人の数は、単なる「増加」という言葉では済まないほど著しく増えている。例えばうるま市の天願《てんがん》通信基地跡地なら、基地だったころの7人から2千数百人へと、桁が三つも違うのである。北谷《ちゃたん》町の美浜、那覇市の新都心、小禄金城《おろくかねぐすく》地区なども、いずれも雇用は数十倍から数百倍に増え、域内総生産は数十倍になった。

沖縄の人々はそれを眼前で見ているから、基地が基地でなくなった方が経済効果ははるかに高いと肌で感じている。だからこそ、「経済のために米軍基地はあった方がいい」などという論理は噴飯《ふんぱん》物だと思っているのである。

政府から沖縄県内への財政支出も、「沖縄振興予算」などと称しているからさも特別な予算のように見られているが、実態はどこの県でも受け取っている予算と同じだ。県民1人当たり財政移転額（国庫支出金＋地方交付税）で見れば、沖縄は47都道府県中、東北3県（岩手、宮城、福島県）を除き5位（2015年度）にすぎない。本土復帰前に沖縄が受け取った財政移転額がほぼゼロに近いのは仕方なかったにしても、復帰後でさえ「沖縄振興事業費」の総額は日本全体の予算の0・4％にすぎず、人口が全国の1％を超える点を考えれば極端に少ない。恩着せがましく「基地の見返りに財政支援を受け取っている以上、沖縄は基地を引き受けるべきだ」などと言われる筋合いはないのである。

近年、沖縄ではこうした検証が熱心になされてきた。今や大半の人がこれらは勘違いであると知りつつある。だが沖縄県以外ではまだまだこうした思い込みが根強く存在する。

問題は、なぜこうした虚構が根強く流布しているか、だ。

詳しくは本書をお読みいただきたいが、自民党国会議員である防衛省の政務三役が「沖縄の米軍基地は在日米軍全体の74％というのは事実でない。実は23％だ」という情報を流したが、これが虚偽だったという一幕があった。

米軍機の爆音訴訟で、被告の国が「沖縄の住民自ら基地に近づいてきた」という「危険への接近論」を主張し、これがまた歴史の捏造《ねつぞう》だと反論された。ネット上でもまた、似たような虚偽情報が数限りなく流れている。

これらの事実に照らせば、沖縄に新米軍基地を建設したい、沖縄に基地を押し込めておきたい政府や与党国会議員、あるいはいわゆるネット右翼のような人々が、自らの欲望に都合のいいように、事実をゆがめて流している、という構図が浮かび上がる。

つまり、単なる思い込みによる誤りではなく、虚偽情報を意図的に流布して利益を得ようとする人々がいるのである。

こうした人々は特別な熱意で繰り返し、手を変え品を変え虚構を流布する。沖縄の米軍基地に関して知識も特別な関心もない普通の人々は、あまりにたびたびこうした情報に接してしまうから、虚構を現実のものと思い込んでしまいかねないのである。

だからこそわれわれ琉球新報は、事実と証拠をもってこれらの虚構に反論したいと考えた。その成果が本書である。本書で詳細をぜひお読みいただき、これらが思い込みにすぎないことを把握していただければありがたい。

ネット時代である。虚構を意図的に流すことは、作り話ができるちょっとした能力さえあれば、今や簡単にできる。だがこれが虚構だと立証するのは、人も時間も労力もかかる。いわば「コストの非対称性」があるのだ。

だがわれわれは、愚直に根気強く、虚構を一つひとつ覆したいと考えている。それが沖縄を米軍基地の惨禍から救う、遠回りのようでいて有効な方法だと考えるからだ。同時にまた、「(正確な)情報は民主主義の貨幣」(トマス・ジェファーソン)であり、それを提供するのがジャーナリズムの重要な使命だと信じているからでもある。

虚構が大手を振って流通する時代だ。読者諸賢にはぜひ、沖縄の米軍基地をめぐる真実を、これからもわれわれとともに探り当てていただきたいと切に願っている。

本書の元となった連載では、取材に応じてくれた方をはじめ、多くの県民のご協力をいただいた。末筆ながら深く感謝を申し上げたい。

【編集：注】

◆本書は琉球新報で連載した「沖縄基地の虚実」（２０１６年１月31日〜８月29日掲載）と、「ＳＡＣＯの虚構　強化される在沖基地」（同12月１日〜12日掲載）を基に、再構成し、加筆、編集しました。

◆辺野古新基地を巡る沖縄県と国との訴訟は、翁長知事による埋め立て承認取り消しを受けて、国が２０１５年11月に県を相手に代執行訴訟を提起。連載中の16年３月に代執行訴訟での和解が成立しました。

その後、国は、県への「是正の指示」を巡って16年７月に、指示に従わない不作為の違法確認訴訟を新たに提起。２０１６年12月、最高裁は、和解を結んだ「代執行訴訟」ではなく、公有水面埋立法に絡んで不作為の違法確認訴訟で、県敗訴の判決を出しました。

◆辺野古新基地の護岸工事が進む中、沖縄県は２０１７年７月、工事が海底の地形を変える可能性が高いとして、岩礁破砕許可申請を出していない国を相手取り訴えを起こしました。辺野古新基地を巡る国と県の間の訴訟は、５回目となります。

◆記事中に出てくる在日米軍専用施設のうち、沖縄にある基地の面積割合は、２０１６年12月に北部訓練場のおよそ半分が返還されたことなどにより74・５％から70・４％（17年３月末時点）になっていますが、記事中は時期により数字が混在しています。

◆また記事中の人物の年齢、肩書は原則として掲載当時のものです。

◆――もくじ

3　海兵隊は抑止力になっているのか

5　SACOって何だったのか

装丁＝商業デザインセンター・山田 由貴

❶

検証
「ニュース女子」は
何を伝えたのか

◎デマ、誹謗《ひぼう》中傷で沖縄への偏見をあおるもの

沖縄の施政権が米国から日本に返還され、今年（２０１７年）で45年が過ぎた。「日本復帰」によって沖縄は日本の一県になった。しかし、沖縄県民の多くは「私たちは日本本土と同じ国民として扱われているのだろうか」という率直な疑問や不信感を拭えずにいる。言うまでもなく、それは米軍基地問題に起因している。

２０１６年12月、沖縄本島北部にある米軍北部訓練場の過半、面積で４０１０ヘクタールが返還された。それでもなお、日本国内にある米軍専用施設の70・４％が沖縄に集中している。基地に絡む事件・事故による人権侵害が後を絶たない。元海兵隊員の米軍属が若い女性を殺害し、遺体を遺棄した事件（２０１６年４月）は沖縄県民に大きな衝撃を与えた。

米国統治下と本質的に変わらない基地の重圧、人権侵害から逃れたいと、多くの県民は願ってきた。普天間飛行場の辺野古移設に伴う新基地建設や垂直離着陸輸送機ＭＶ22オスプレイの沖縄配備に対し、大規模な県民大会や選挙を通じて県民はノーの意思を日米両政府に突き付けてきた。

オスプレイ配備撤回を訴えパレードする沖縄県代表ら（2013 年 1 月 27 日、東京・銀座）

県民の異議申し立てに対する注目度が高まる一方で、ネットの世界を中心に「反日」「国賊」と県民を中傷するような発言が飛び交うようになっていた。それが街頭や公共の電波にまで広がるようになった。「沖縄ヘイト」と呼ばれるような動きが顕在化したのである。

２０１３年１月27日、県会議員や市町村長ら沖縄代表が参加したオスプレイ配備撤回東京行動の銀座パレードに対し、日の丸を掲げる一群が「売国奴」「嫌なら日本から出ていけ」などと罵声を浴びせるという出来事が起きた。

２０１６年10月18日、米軍北部訓練場におけるヘリコプター着陸帯（ヘリパット）建設に反対する市民に対し、警備に当たる大阪府警の機動隊員が市民に対し「どこつかんどんじゃ、ぼけ。土人が」と罵声を浴びせた。別の機動隊員も「黙れ、こら、シナ人」と発言した。

「土人」「シナ人」という差別的な発言に対し、沖縄県内から強い抗議の声が上がった。

基地負担の軽減を訴える県民の切実な声を意図的に曲解し、沖縄に対する憎悪や中傷を込めた言葉をまき散らす「沖縄ヘイト」の広がりは日本本土の国民の沖縄観をゆがめる恐れがある。そうなれば基地の重圧に苦しむ沖縄への理解度が一層遠のき、普天間飛行場建設に伴う新基地建設問題の解決は今以上に困難なものとなろう。沖縄の民意を無視し新基地建設を強行する政府の暴挙を多くの国民は批判することなく、結果的に許容するからだ。

ネットから街頭へ、市民運動を抑圧する場にまで「沖縄ヘイト」が横行しつつある。その延長線上に東京メトロポリタンテレビジョン（東京ＭＸテレビ）の「ニュース女子」が制作され、電波に乗った。地上波のテレビ番組の中で「沖縄ヘイト」が放送されたのだ。経過をたどりながら、「ニュース女子」問題について考えたい。

✧沖縄県民が「テロリスト」に

首都圏を対象地域とする地上波テレビ局・東京メトロポリタンテレビジョン（東京ＭＸテレビ）のニュースバラエティー番組「ニュース女子」は、２０１７年１月２日付放送で、米軍北部訓練場のヘリコプター着陸帯建設に反対する市民・県民をテロリストに例えて放送した。番組内容を端的に言えば、ネット上に流れている「嫌沖」「沖縄ヘイト」情報を寄せ集めて、事実関係を十分に確認しないまま地上波で報じるものだった。この番組は化粧品会社ＤＨＣ系列の制作会社ＤＨＣシアター（現ＤＨＣテレビジョン）が制作し、東京ＭＸに持ち込んだものだ。

番組のテロップは、ヘリパッド建設に反対する市民を「過激派デモの武闘派集団『シルバー部隊』／逮捕されても生活の影響もない65～75歳を集めた集団」「過激デモに従事させられている」などと解説した。その上で「敵意をむき出しにされた」との理由で、取材交渉を断念したと説明した。

番組の出演者からも根拠に乏しい発言が続いた。「（反対市民が）救急車も止めたとの話がある」「テロリストみたいだ」「カメラを向けると（市民は）凶暴化する、襲撃されると言われた」などである。「韓国人がいるわ、中国人はいるわ、何でこんなやつらが反対運動をやっているんだと地元の人は怒り心頭」「大多数の人は米軍基地に反対とは聞かない」などの発言もあった。

普天間飛行場周辺で「2万円」と書かれた茶封筒が見つかったとして、「反対派の人たちはなんらかの組織に雇われているのだろうか」というナレーションも流れた。ほかにも「テロリストみたいだ」という発言もあった。

番組スタッフは「反対派の暴力で近寄れない」などの理由から、東村高江《ひがしそんたかえ》の抗議行動の現場取材を取りやめている。現場を取材しないまま、ヘリパッドに反対する市民を中傷する番組が作られたことになる。

一連の発言で激しい攻撃にさらされたのが、ヘイトスピーチ（憎悪表現）やレイシズム（差別主義）に反対する団体「のりこえねっと」の共同代表・辛淑玉《シンスゴ》氏だった。辛氏の団体はヘリパッド建設に反対する市民の背後にある組織と指弾された。辛氏の反差別運動に対し「隙間産業。何でもいいんです、盛り上がれば」「親北派だから反対運動をしている」などと中傷した。

番組に対し、辛氏は「沖縄ヘイトは植民地の遺産だ。番組は沖縄に何をしてもいいというお墨付きを与えた」「番組は、金でしか動かない人たちから見た沖縄観の典型だ。正義や道徳、思いで動く人たちが理解できないのだろう。沖縄ヘイトの内容を公共放送で流した点は罪深い」などと批判している（２０１７年1月12日付「琉球新報」）。

「のりこえねっと」は在日コリアンを差別し、排斥するヘイトスピーチやレイシズムを乗り越えようという趣旨で、２０１３年に設立された。設立宣言で「ヘイトスピーチは在日韓国・朝鮮人だけでなく、女性を敵視し、ウチナーンチュなど社会的少数者にも攻撃を加えてきた」と指摘し、差別主義に反対する姿勢を鮮明にした。

✧偏見と曲解

「ニュース女子」が伝えた内容は、全体として事実誤認や偏見、曲解に満ちたものであった。

例えば、番組は「反対運動で救急車を止めて現場に急行できない」と、ネットでも多く出回った証言を紹介したが、それは事実ではない。国頭地区行政事務組合消防本部は琉球新報の取材に「そのような事例はなかった」と回答している。

「反対派は日当をもらっている？」というネット上で流布しているデマも取り上げた。それについて、ヘリ基地反対協議会の安次富浩共同代表は「そのようなものはない」と否定している。

「ニュース女子」の事実誤認

反対運動で救急車を止めて現場に急行できない	➡国頭消防「事例なし」
日当	➡日当はない。団体代表らの交通費などはあるが、多くの一般参加者は自費
取材に入れない	➡反対運動を疑問視するメディアも含めて現場で取材している
大多数の人は米軍基地反対という声は聞かない	➡世論調査で、辺野古移設に県民の約８割が反対
「過激派デモの武闘派集団『シルバー部隊』」	➡他の世代もいる。沖縄戦を体験した世代は、より強い思いで戦争につながる基地に反対する
韓国人はいるわ。中国人はいるわ	➡元米軍人らも含めて各国から参加

団体代表らには有志のカンパから交通費など行動費として月1万円を支払うこともあるが、一般の参加者には日当どころか交通費、弁当代などは一切出ていないという。

「反対派の暴力で近寄れない」との理由で番組は現場取材をやめたとしている。しかし、実際は反対運動を疑問視するメディアも含めて現場を取材している。「反対派の暴力」というのは事実に反する。

「大多数の人は米軍基地に反対とは聞か

ない」との発言もあった。ヘリパッド建設の是非について東村高江区、国頭村安波区を対象に琉球新報が実施したアンケートでは、高江区で80％、安波区で53％の区民が反対だと回答している（2016年8月3日付琉球新報）。辺野古の新基地建設に関しても、県民の約8割が反対していることが世論調査で分かっている。

反対運動に参加する市民・県民は「逮捕されても生活の影響もない65歳から75歳を集めた集団」と揶揄《やゆ》したが、現場には若者も含め、幅広い世代が訪れている。沖縄戦を体験した世代は、「戦争につながる基地は認めない」という強い信念で運動に参加している。高齢者が反対運動の場にいることは非難に当たらない。

「韓国人はいるわ。中国人はいるわ」という差別意識に基づく発言もあったが、元米軍人も含め、各国から反対運動に参加している。

このように列挙しただけでも、「ニュース女子」は基地負担に苦しむ沖縄の実情に背を向け、悪質なレッテル貼りを重ね、新基地建設や訓練場新設に反対する県民を無根拠に貶めるような番組だったことが理解できよう。

✧抗議と居直り

「ニュース女子」の内容が沖縄県内に伝わったのは放送から10日後の1月12日だ。ただちに、

東京 MX のテレビ番組「ニュース女子」について「虚偽報道」と指摘した辛淑玉さん（左から４人目）ら、のりこえねっとの関係者（2017 年１月 27 日、東京・衆議院議員会館）

県内から強い抗議の声が上がった。住環境や自然環境の破壊を懸念し、抗議行動を続けてきた市民を公共の電波で侮蔑する「沖縄ヘイト」と受け止められたからだ。新基地建設反対運動の中軸を担う沖縄平和運動センターの大城悟事務局長は「事実をねじ曲げ、倫理を無視したやり方で許し難い」と批判した。

東京都内でも抗議の声が広がった。1月12日、雑誌編集者ら有志が東京都千代田区の東京ＭＸ社の前で横断幕を掲げて抗議した。19日にも市民ら約60人が同社前に集まり、「うそを振りまくことで、沖縄の基地建設に反対する人たちの名誉や信用を傷つけ偏見をあおり、あざ笑った。番組がヘイトスピーチそのものだった」と指摘し、放送内容の訂正と謝罪を申し入れた。

番組中、名指しで批判された辛氏は1月27日、放送倫理・番組向上機構（BPO）に対し、訂正放送や謝罪など人権救済を申し立てた。

申し立てに際して辛氏は見解を発表し、「沖縄の人々の思いを無視し、踏みにじる差別であり、許しがたい歪曲報道である。また、権力になびく一部のウチナンチュを差別扇動の道具に利用して恥じない『植民者の手法』でもある。多くの報道で、『ニュース女子』が取材もせずに番組を作ったことが指摘されていたが、彼らは取材能力がないためにネトウヨ情報を検証もせずに垂れ流してしまったのではない。この番組は、『まつろわぬ者ども』を社会から抹殺するために、悪意をもって作られ、確信犯的に放送されたのだ」と、番組を厳しく批判した。

その後の会見でも辛氏は、「この『ニュース女子』で問われているのは日本のメディアであり、日本のマジョリティーの人たちだ」と語っている。

東京ＭＸはこれらの抗議や批判に正面から向き合ってきたとは言い難い。1月16日放送の「ニュース女子」は番組の最後に、「様々なメディアの沖縄基地問題をめぐる議論の一環として放送致しました。今後とも、様々な立場の方のご意見を公平・公正にとりあげてまいります」とのコメントをテロップで流した。

2月27日には同社ホームページ上で、「事実関係において捏造《ねつぞう》、虚偽があったとは認められず、放送法および放送基準に沿った制作内容であったと判断しております」とする見解を発表した。

同時に持込番組であっても内容をチェックしているとしながら、「本番組では、違法行為を行う過激な活動家に焦点を当てるがあまり、適法に活動されている方々に関して誤解を生じさせる余地がある表現であったことは否めず、当社として遺憾と考えております」と釈明した。

一方、「ニュース女子」を制作したDHCシアターは1月20日、ウェブサイト上で番組内容を正当化する見解を表明した。

例えば「2万円」と書かれた茶封筒について、「貰ったと証言されている」人がおり、「茶封筒は反対派で占拠されている状態の基地ゲート前で拾われ、証言と茶封筒の金額が一致している」などとした上で、「表現上問題があったものだとは考えておりません」と、批判に対し反論した。

抗議行動の現場取材を取りやめた件については、「反対派の暴力行為や器物破損、不法侵入などによって逮捕者も出るほど過激化」していると述べ、「現場取材者や協力者、撮影スタッフの安全に配慮するのは当然のこと」と述べた。

さらに抗議行動に参加している市民らに取材しないことに関しては、「数々の犯罪や不法行為を行っている集団を内包し、容認している基地反対派の言い分を聞く必要はないと考えます」との立場を表明した。

「のりこえねっと」の抗議に関しては「人種差別、ヘイトスピーチに該当するとは考えておりません」と反論した。その上で、「DHCシアターでは今後もこうした誹謗中傷に屈すること無く、日本の自由な言論空間を守るため、良質な番組を製作して参ります」とした。

3月13日、DHCは動画投稿サイト・ユーチューブで1月2日付番組の続編を配信した。前回放送の問題点を検証するという趣旨であったが、基本的には1月20日付の見解を踏襲し、番組を正当化する姿勢に終始した。

✧広がる波紋、沖縄ヘイトへの危機感

「ニュース女子」の余波はさまざまな形で広がった。ジャーナリストの安田浩一氏と津田大介氏は1月19日までに、コメンテーターを依頼されていた東京MXのニュース番組「モーニングCROSS」への出演を辞退した。「モーニングCROSS」と「ニュース女子」とは制作会社が異なるが、局による検証や総括があるまで出演を見合わせるとの立場だ。

「ニュース女子」は東京MXのほか一部地方局が放送しているが、その中で、宮城県の地方局ミヤギテレビが1月27日までに番組を放送しないことを決めた。社内の番組審査で放送基準に照らし合わせ、「事実を曲げている」と判断したからであった。佐賀県のサガテレビも同回の放送を保留した。

東京新聞は、同紙論説副主幹の長谷川幸洋氏が番組の司会をしていたことを重視し、2月2日付朝刊で、「他メディアで起きたことであっても責任と反省を深く感じている。とりわけ副主幹

が出演していたことについては重く受け止め、対処する」などとする論説主幹・深田実氏の見解を掲載した。この中で、番組内容について「本紙のこれまでの報道姿勢および社説の主張と異なる」「事実に基づかない論評が含まれており到底同意できるものではない」と指摘し、読者に謝罪した。

国会でも「ニュース女子」問題が取り扱われた。高市早苗総務相（当時）は2月20日の衆院予算委員会で、「東京MXから取材や放送での取り扱いについて問題がなかったか、社内で検証中だという自発的な報告があった。改めてMXから報告を頂けると思っている」などと述べた。同委員会で鶴保庸介沖縄担当相（当時）は「ニュース女子」問題で県内の意見の対立が先鋭化することを懸念する、と述べた。

東京MX内でも番組内容は厳しく問われた。2月20日に開かれた同局の番組審議会で「沖縄の問題は非常に関心のある中で、それをこの程度の取材で議論をしようというのは軽率だったのではないか、そこは反省する余地がある」「番組づくりに軽率、軽薄な点がある」などの意見が出た。「沖縄を取り上げる場合に、歴史的背景や基地問題のその重さや沖縄の現実をこの番組からは感じられなかった。もう一度東京から沖縄と歴史を考えるという、ひとつの課題をもらったのだと考えたら良い」などの意見もあった（同社ホームページ掲載、2月20日番組審議会の審議内容より）。

その上で、番組審議会は2月28日付意見で、①視聴者などから指摘を受けた問題点について、指摘を真摯に受け止め、現地での追加取材を行い、可能な限り多角的な視点で十分な再取材をした番組を制作し、遅くとも2017年上半期中に放送するよう努めること、②持ち込み番組を含めた社内の考査体制について、さらに検討を進めた体制を7月1日までに再構築するとともに、その一環として「持ち込み番組に対する考査ガイドライン」を制定し、周知のうえ、実効性を確保すること」の2点を求めている。

審議内容や意見をみると、番組審議会は東京MXのチェック体制の甘さを問題視していることがうかがえる。

琉球新報の投稿欄にも「ニュース女子」に対する厳しい意見が寄せられた。以下のようなものだ。

「東京のローカルテレビ局、東京MXテレビの『基地問題特集』の番組は、高江、辺野古基地建設反対を偏見と差別で報道し、許し難い。意図的に事実を歪曲し、虚偽の放送と言わざるをえない」(1月15日付、那覇市、67歳)

「このような事実無根のうそが通用する世界を『ポスト真実』と言うのなら、それはまさにファシズムそのものである」(1月22日、浦添市、67歳)

「虚偽の情報を流し視聴者の印象を操作した東京MXテレビは、(基地反対運動の)参加者に対する謝罪と番組内容を訂正すべきだ」(2月1日付、南風原町、65歳)

「番組制作会社のウェブサイトで同社の見解を読んでみましたが、その中に『基地反対派の言い分を聞く必要はない』いう箇所がありました。ここに制作会社のそもそもの姿勢が表れている

と思います」（2月5日付、北中城村、44歳）

これらの投稿からうかがえるのは、県民の声をゆがめた番組内容に対する憤り、番組をみた試聴者の間に沖縄に対する誤った認識が広がることへの危機感である。

この中で毎日放送（ＭＢＳ）のドキュメンタリー「映像'17」（17年1月29日放送）、「沖縄　さまよう木霊《こだま》　基地反対運動の素顔」は、誹謗中傷にさらされ続ける基地反対運動の姿を真正面から向き合う番組だった。この中で東京ＭＸ「ニュース女子」をめぐる問題も取り上げた。

番組は「民衆の抵抗とそれに対する本土からの抑圧の歴史はこれからも続いていくのでしょう。72年前の沖縄での地上戦に始まる沖縄の人々が歩んできた道を見つめ、その訴え続ける声に私たちが立ち止まって耳を傾けない限りは」という象徴的な言葉で結んでいる。

悲惨な地上戦と米統治下のさまざまな人権侵害を踏まえ、基地の建設にあらがう沖縄の抵抗と、それを意図的に歪め、ネット上に誹謗中傷を拡散する勢力、そして沖縄の闘いに背を向け無関心を決め込む多くの日本国民の有り様を明確に言い当てていると言えよう。なお、この番組は第54回（２０１６年度）ギャラクシー賞奨励賞を受賞している。

✧素通りした「沖縄ヘイト」

「ニュース女子」主演者には、在京キー局の番組にも出演する科学者やジャーナリストらが名を連ねている。彼らが、ネット上に横行する沖縄絡みのデマや中傷に疑問を感じることなく、むしろデマを増幅するような発言をしたことは厳しく問われるべきである。もちろん、このような番組を制作し、県内外の抗議に耳を貸さず、居直り続けるＤＨＣシアターも同様であろう。

同社はその後も態度を変えていない。「ニュース女子」の内容に抗議する「沖縄への偏見をあおる放送をゆるさない市民有志」が6月22日にデモを実施した際、「虎ノ門ニュース～デモ隊が来るのでとりあえず番組立ち上げましたＳＰ」と題した番組をインターネット上で生中継配信した。結局、ちゃかしと中傷を交えることでしか沖縄と向き合えないのである。

最も問われているのが、ＤＨＣの番組をそのまま放送した東京ＭＸの姿勢であろう。番組審議会の審議や意見書が指摘した通り、外部制作の番組に対するチェック機能が働かなかったのである。東京ＭＸは１９９５年の開局以来、番組の考査体制を構築できず、今回の事態を招いたと言えよう。「沖縄ヘイト」が同社の不十分な考査を素通りしたのだ。

同社のホームページで紹介されている「放送番組の基準」は、前文で「放送を行うにあたって公平、公正な立場を堅持し、基本的人権を尊重する。言論・表現の自由を貫き、放送倫理の向上と品位の維持に努める」とうたっている。本文の「人権」の項目では、「放送を通じてすべての人の人権を守り、人格を尊重する。個人、団体の名誉、信用を傷つけない。差別・偏見の解消に努め、あらゆる立場の弱者、少数者の意見に配慮する」と明記している。

「ニュース女子」の内容に抗議する「沖縄への偏見をあおる放送をゆるさない市民有志」のデモ（2017年6月22日、東京・千代田区）

今回の「ニュース女子」は、同社の「放送番組の基準」から大きく逸脱するものであったと言わざるを得ない。

辛氏の申し立てを受け、BPOの放送倫理検証委員会が審議に入った。同じくBPOの放送人権委員会は審理入りを決めている。

東京MXが番組考査の再構築を図ることができるか、基本的人権の尊重、差別・偏見の解消にかなう番組を制作することができるのか、引き続き注視が必要である。

✧「沖縄ヘイト」を生む土壌

「ニュース女子」は国が強行する辺野古新基地建設、米軍北部訓練場のヘリパッド建設に反対し、行動する市民、県民を「連中」などと呼びながら「テロリスト」というレッテルを貼り、ひたすら侮蔑し、あざ笑った。なぜ、このような番組が生まれ、放送されたのか。そこに国にあらがう者を異端として扱い、排除するという今日の日本社会の病の一端を見ることができる。

冒頭に挙げたオスプレイ配備反対を訴えるパレードに浴びせられた「売国奴」という罵声、ヘリパッド建設に抵抗する市民に対する「土人」「シナ人」という発言も、「ニュース女子」を覆う差別意識と同根である。沖縄に過重な基地負担を強いる日米安保体制に異議を申し立てる沖縄を、国に歯向かう「国賊」として扱うというのが「ニュース女子」の本質であった。

今日の政権党にも「沖縄ヘイト」を体現する議員がいることを見逃すわけにはいかない。国策に抗う沖縄に侮蔑的な言葉を投げ付け、排除しようという空気が党内に充満しているのではないかと思わせるような事態が繰り返されてきた。それを象徴するような出来事が「自民党報道圧力」問題であった。

２０１５年6月25日、自民党本部で開かれた党の若手議員による勉強会で、衆院議員の長尾敬氏が琉球新報と沖縄タイムスの報道に対し、「左翼勢力に乗っ取られている」「沖縄の特殊なメディア構造をつくってしまったのは戦後保守の堕落だった」などと発言した。

勉強会で講師を務めた作家の百田《ひゃくた》尚樹氏はこれらに答える形で、「沖縄２紙はつぶさないといけない」などと答えている。さらには「もともと普天間基地は田んぼの中にあった。基地の周りに行けば商売になるということで、どんどん基地の周りに人が住みだした」などとも発言した。

普天間飛行場は沖縄戦中、宜野湾住民の住居や畑を奪って建設されというのが事実である。「沖縄の米兵がレイプ事件を起こすことがある。けれども米兵が起こしたその犯罪者よりも、沖縄人全体で、沖縄人自身が起こしたレイプ犯罪の方がはるかに率が高い」などという発言もあった。人権を脅かす米軍犯罪の元凶である日米地位協定の問題には触れることなく、米軍犯罪と一般の犯罪を同列に扱うような発言は、基地被害に苦しむ沖縄の現状からかけ離れている。

高江ヘリパッドに反対する市民に浴びせられた「土人」「シナ人」発言に対し、鶴保庸介沖縄担当大臣（当時）は２０１６年11月８日の国会答弁で、「私個人が大臣という立場で『これが差別である』というふうに断じることは到底できない」との見解を示している。「土人」「シナ人」発言に関しては、法務省の萩本修人権擁護局長が10月20日の参院法務委員会で、「差別的な言動は人権擁護上、非常に問題」と指摘し、差別発言と認める見解を示していた。それにもかかわらず沖縄相が沖縄差別を容認、助長するような発言をしたことに沖縄から厳しい批判が上がった。

さらには自民党本部の古屋圭司選挙対策委員長（当時）が、２０１７年４月に実施されたうるま市長選挙に関連して、野党系候補の公約について「市民への詐欺行為にも等しい沖縄特有のいつもの戦術」とフェイスブックで投稿した。「沖縄特有」という記述に、沖縄を異端視する思考が露骨に表れている。

これらを列挙しただけでも、現在の自民党本部の内部には「沖縄ヘイト」を生産、拡散するような病巣があるのではないかと疑わざるを得ない。

沖縄に対する政治家の無理解、無関心も「沖縄ヘイト」がはびこる遠因として問われるべきであろう。沖縄の米軍基地を本土に引き取る運動に取り組む「辺野古を止める！ 全国基地引き取り緊急連絡会」が、全国の知事を対象に沖縄の基地負担への認識などを聞くアンケートを実施したところ、沖縄の基地集中を「日本全体で安全保障の負担を分かち合うべきだ」と答えたのは、大分県の広瀬勝貞知事ひとりだった。日米地位協定について「抜本改定が必要」と答えたのも5知事にとどまっている。大半の知事は無回答や「その他」を選び、直接的回答を避けた。

連絡会は「なるべく基地問題に関わりたくないという姿勢の表れだ。判断を国に丸投げして責任逃れをする姿勢は、当事者意識を欠いた本土に生活する有権者の態度の反映だ」と批判している（2017年6月17日付「琉球新報」）。

沖縄の「日本復帰」から45年、今日ほど沖縄県民が日本本土に厳しい目を向けたことはなかったであろう。米軍基地から派生する環境破壊や人権侵害から脱したいという県民の切実な声が顧みられないまま、新基地建設が強行されることへの憤りや失望感が沖縄に広がっている。政府、そして現政権を支持する国民の大半は沖縄の窮状を直視しようとはしない。沖縄と日本本土の乖《かい》離《り》は極めて大きい。そこに「沖縄ヘイト」がはびこる余地が生まれる。

今年（2017年）の慰霊の日（6月23日）、糸満市の平和祈念公園で例年のように「沖縄全戦没者追悼式」が開かれた。翁長雄志知事は「平和宣言」で「普天間飛行場の辺野古移設については、県民の理解は得られず、これを唯一の解決策とする考えは、到底許容できるものではない」と断言した。県遺族会連合会の宮城篤正会長も「米軍普天間飛行場の早急なる移設を熱望すると同時に、戦争につながる新たな基地建設には遺族として断固反対する」と明言した。

ふたりのあいさつの際、会場の参加者から大きな拍手が沸き起こった。沖縄戦犠牲者を追悼する場の出来事である。一方、安倍晋三首相が「政府として、基地負担軽減のため、一つひとつ確実に結果を出していく決意だ」「これからも『できることはすべて行う』。沖縄の基地負担軽減に全力を尽くす」と発言したにも関わらず、参加者はほぼ無反応であった。

会場外からは「戦争屋帰れ」というやじが飛んだ。沖縄県民にとって負担軽減を唱える安倍首相の言葉はあまりに空疎で、額面通り受け取ることはできないのである。

日本政府や政治家、そして日本本土の国民は、このような沖縄を異端として扱い、侮蔑的な言葉を投げ付け、排除するのだろうか。「ニュース女子」問題は一放送局や番組制作会社の問題にとどまらない。沖縄に向き合う為政者、国民全体の姿勢が問われているのである。

✧沖縄のメディアとして

ネット上では今でも沖縄を貶《おとし》めるような誹謗中傷、デマが散見される。それを無批判に受け入れ、沖縄ヘイトの再生産に与《くみ》する人々がいる。沖縄に投げ付けられた言葉が重大な事実誤認で卑劣であればあるほど、それを面白がる人たちの手を借りて強い拡散力を発揮する。ネット社会の宿痾《しゅくあ》であろう。

深刻なのは、ネット社会にとどまらず、国政を担う政権党の国会議員はおろか、閣僚に至るまで沖縄ヘイトの伝達者となってしまっていることだ。それが地上波の放送にまで拡大した。

「ニュース女子」の根は深い。国策推進の名の下に沖縄を組み敷こうという為政者の意思と、それを積極的に（あるいは無意識的に）容認・支持する日本国民多数の政治意識、そして沖縄に対する無関心や偏見が、この番組をはじめとする沖縄ヘイトの温床となったのである。

私たち沖縄のメディアは、沖縄ヘイトに対し、事実を持って抵抗するほかない。現在、沖縄に存在する米軍基地の形成過程や米軍基地から派生する事件・事故の実態、差別的な日米地位協定の運用によって多くの米軍犯罪が起こり、県民が苦悩し続けているという実情を丹念に報じなければならない。そして普天間飛行場移設に伴う辺野古新基地や北部訓練場に完成したヘリコプター着陸帯が、自然環境や住民生活に何をもたらすか、そのことに県民が何を思っているか、明確に発信しなければならない。

平和を求め、米軍基地から派生する人権侵害の解消を訴える沖縄県民と沖縄ヘイトとの闘いはこれからも続くであろう。その闘いは、悲惨な地上戦から今日に至るまでさまざまな困難にぶつかり、それを乗り越えようと奮闘し続けた沖縄の戦後経験に根差したものとなるはずだ。

沖縄ヘイトの克服は、沖縄の現状を直視し、県民の声を発信し続けてきた沖縄メディアの責務であると考える。


【付記】東京MXは2017年9月30日夜、報道特別番組「沖縄からのメッセージ〜基地・ウチナンチュの想い」を放送した。番組は沖縄戦や米統治などの歴史をひもときながら、高江のヘリパッド建設や辺野古での新基地問題を巡る反対・容認双方の声を取り上げた。ただし「検証番組ではない」と前置きしており、「ニュース女子」が報じた事実関係の真偽には踏み込まず、訂正や謝罪もなかった。

東京MXの放送番組審議会は2月28日付意見「『ニュース女子』への対応について」で、「現地での追加取材を行い、可能な限り多角的な視点で十分な再取材をした番組」を制作し、放送するよう求めていた。東京MXはジャーナリストの吉岡攻氏に依頼し、番組を制作した。

番組に対して、「のりこえねっと」の辛淑玉共同代表は「ニュース女子での取材不足や『偏っている』との抗議から逃げようとする番組だ」と指摘した。東京MXの前などで抗議行動を展開している雑誌編集者の川名真理さんは、「沖縄への理解を深めるという意味では、やらないよりはいいが、訂正や謝罪など、しっかりと態度で示すことが私たちの要求なので、今後も抗議行動を続けたい」と語っている（2017年10月1日付琉球新報）。

番組への批判に東京MXが真摯に向き合ったのか、改めて問われることとなろう。

［2017年10月1日］

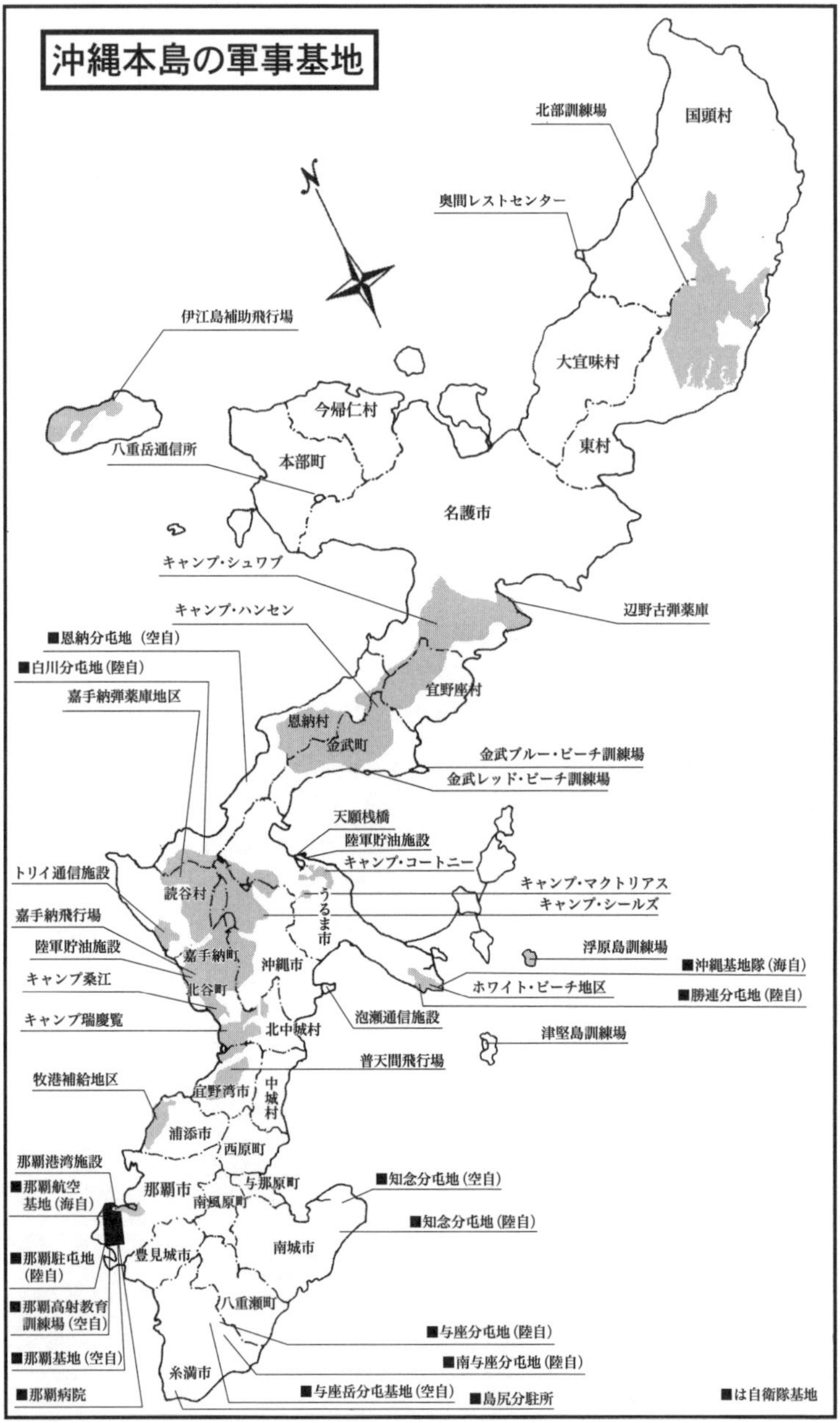
沖縄本島の軍事基地
N
国頭村
北部訓練場
奥間レストセンター
伊江島補助飛行場
大宜味村
今帰仁村
東村
本部町
八重岳通信所
名護市
キャンプ・シュワブ
辺野古弾薬庫
キャンプ・ハンセン
■恩納分屯地（空自）
■白川分屯地（陸自）
嘉手納弾薬庫地区
宜野座村
恩納村
金武町
金武ブルー・ビーチ訓練場
金武レッド・ビーチ訓練場
天願桟橋
陸軍貯油施設
キャンプ・コートニー
トリイ通信施設
キャンプ・マクトリアス
読谷村
うるま市
キャンプ・シールズ
嘉手納飛行場
陸軍貯油施設
浮原島訓練場
嘉手納町
沖縄市
■沖縄基地隊（海自）
キャンプ桑江
北谷町
ホワイト・ビーチ地区
■勝連分屯地（陸自）
泡瀬通信施設
キャンプ瑞慶覧
北中城村
津堅島訓練場
普天間飛行場
牧港補給地区
宜野湾市
中城村
浦添市
西原町
那覇港湾施設
■那覇航空基地（海自）
那覇市
与那原町
■知念分屯地（空自）
南風原町
■知念分屯地（陸自）
■那覇駐屯地（陸自）
豊見城市
南城市
■那覇高射教育訓練場（空自）
八重瀬町
■与座分屯地（陸自）
■那覇基地（空自）
■南与座分屯地（陸自）
糸満市
■那覇病院
■与座岳分屯基地（空自）
■島尻分駐所
■は自衛隊基地

JIN
S+BA

■ニュース・情報提供 098-865-5158
■広告のお申し込み 0120-43-5059
■購読・配達の問い合わせ 0120-39-5069
■本社事業案内 098-865-5256
■読者相談室 098-865-5656

琉球新報

THE RYUKYU SHIMPO 第38788号

（日刊）
2017年（平成29年）
1月13日金曜日
〔旧12月16日・先負〕

発行所 琉球新報社 ©琉球新報社2017年
〒900-8525 那覇市天久905 電話098-865-5111

通知なく降下訓練

米空軍、うるま津堅沖
「伊江島集約」を無視

嘉手納でも17日実施か

MC130特殊作戦機から次々とパラシュートで降下する米兵ら。物資も含まれている＝12日午前11時ごろ、うるま市の津堅島訓練場水域付近上空（又吉康秀撮影）

【うるま】米空軍は12日午前11時すぎ、うるま市の津堅島訓練場水域で、県や市へ通知なくパラシュート降下訓練を実施した。落下物には兵士以外に黒い物資のような物も見られた。訓練水域周辺では民間の漁船などが航行する姿も確認された。県やうるま市は従来、日米特別行動委員会（SACO）の最終報告に基づいて海域での訓練を伊江島に集約するよう求めてきたが、地元の要請は再び無視された。一方、米航空局は11日、米空軍嘉手納基地内で17日に複数の投下訓練の予定を公表したが、12日になって削除している。津堅島沖での降下訓練は2015年8月以来でSACO合意後8回目。

（2、3、31面に関連）

午前11時7分、米空軍MC130特殊作戦機から七つのパラシュートの塊が降下した。そのうち兵士は6人、残る一つは黒い物資でパラシュートが二つ付いていた。その後、兵士らはボートに乗って、周辺海域を約3時間半航行した後、米軍ホワイトビーチに上陸した。黒い物資は兵士が乗るボートだったとみられる。

米軍がこの訓練水域で訓練する場合は、沖縄防衛局に事前通知しなければならない。本紙は米海兵隊や米空軍に、通知しなかった理由や津堅島周辺海域で訓練した理由を尋ねたが、12日中に回答はなかった。

一方、米航空局は11日、サイト上で「米軍が17日に嘉手納基地で高度3千㍍以上の上空から複数の投下訓練を実施する。午前6時から9時、正午から午後2時までの間、嘉手納基地の2本の滑走路が降下訓練により制限される」と記載していた。だが12日午後7時現在、サイト上の記述はなくなっている。

関係自治体は12日、沖縄防衛局を通じて訓練の確認を急いだが「詳細は分からない」との回答だった。

（上江洲真梨子、清水柚里）

「山城議長の早期釈放を」

識者ら都内で訴え

沖縄平和運動センターの山城博治議長の早期釈放を訴える（右から）鎌田慧さん、落合恵子さん、佐高信さん＝12日、参院議員会館

【東京】名護市辺野古への新基地建設や東村高江へのヘリコプター着陸帯（ヘリパッド）建設への反対運動に絡み逮捕・起訴され、80日以上身体拘束が続く沖縄平和運動センターの山城博治議長らの釈放を求め、ルポライターの鎌田慧さん、作家の落合恵子さん、評論家の佐高信さんが12日、東京都内で記者会見を開いた。12月中旬から呼び掛けている署名は66カ国から1万6528筆が集まったことも紹介。署名を今月中に那覇地裁へ提出する。

鎌田さんらは「こういう

宮里昭也氏が死去

琉球新報社元社長 80歳

琉球新報社元社長の宮里昭也（みやざと・あきや）氏が12日午後10時17分、心不全のため宜野湾市内の病院で死去した。80歳。大宜味村

01年に元ソ連大統領でノーベル平和賞受賞者のミハイル・ゴルバチョフ氏を県内に招き講演会を開催。03年のグローバリゼーション・フォーラムではゴルバチョフ氏に加え、マレーシアのマハティール・モハマド元首相など世界の首脳経験

いもと小児科
診療時間：月〜土 午前9時〜午後6時
※木曜日は午前中のみ
☎098（938）6112

■ニュース・情報提供 098-865-5158
■広告のお申し込み 0120-43-5059
■購読・配達の問い合わせ 0120-39-5069
■本社事業案内 098-865-5256
■読者相談室 098-865-5656

琉球新報
THE RYUKYU SHIMPO 第38813号
（日刊）
2017年（平成29年）
2月7日 火曜日
［旧1月11日・大安］
発行所 琉球新報社

海上工事に着手

防衛局、辺野古強行

県、文書で中止要求

【辺野古問題取材班】米軍普天間飛行場の移設に伴う名護市辺野古への新基地建設で、沖縄防衛局は6日午前8時40分ごろ、海上の本体工事に着手した。5日に名護市大浦湾の臨時制限区域に到着した作業用の船団のうち、台船2隻から汚濁防止膜を固定するための大型コンクリートブロックなどをクレーン船2隻に移し替える作業が行われた。早ければ7日にも同区域内に最大13・9トンの大型ブロックを投下し、汚濁防止膜の設置作業が本格化する。県は防衛局が実際に投下した場合は法的な対抗措置を検討する方針。県民の民意を無視した形で本体工事が強行されることに、県民の反発はさらに強まりそうだ。

（2、3、34、35面に関連）

汚濁防止膜の設置予定海域と初期の護岸工事着手地点

防衛省関係者によると、汚濁防止膜の設置には2〜3カ月を要する見通し。設置が終わり次第、陸地にある「K9護岸」「A護岸」と呼ばれる場所から護岸工事に着手する計画で、これが実質的な埋め立て工事の始まりとなる。

一方、県は6日、沖縄防衛局が汚濁防止膜を設置する計画を県に協議せず変更したことに抗議し、説明を求める文書を同局に手交した。文書でブロック投下を中止するよう求めた。

県幹部はブロックが投下されていないため「海上の本体工事は未だ始まっていない」との認識を示した。

6日は台船2隻から、クレーン船2隻に、ブロックをそれぞれ14個ずつと汚濁防止膜を設置するためのものとみられるフロート（浮具）などを移し替えた。大型特殊船「ポセイドン1」（4015トン）が昨年未完了だった1カ所の海底ボーリング（掘削）調査を始めるとみられるが、この日は掘削調査をしている様子は確認されなかった。

新基地建設に反対する市民らは抗議船6隻、カヌー16艇で臨時制限区域を示す海上フェンスの外側で抗議行動した。

米軍キャンプ・シュワブゲート前では6日午前11時55分ごろ、砂利を積んだトラックなど工事関係車両12台が基地内に入った。砂利を積んだ作業車が入るのは最高裁判決後、作業が再開されて初めて。新基地建設に反対する市民ら120人が阻止行動を始めたが、県警の機動隊が市民らを排除した。海上での本体工事着工を受け、ゲート前も資材搬入が本格化しそうだ。

松山4勝目

米ゴルフ、日本勢最多

【スコッツデール（米アリゾナ州）共同】ゴルフの松山英樹（24）が5日、米アリゾナ州スコッツデールで行われたフェニックス・オープンで優勝し、米男子ツアーの日本勢で単独最多となる通算4勝とした。2003年までに3勝した丸山茂樹を上回った。

（26面に関連）

3位でスタートした最終ラウンドで66と伸ばし、通算17アンダーで並んだウェブ・シンプソン（米国）と

松山英樹

天下りあっせん文科省が主導か

歴代次官ら認識

文部科学省の組織的天下り問題で、人事課OBの嶋貫和男氏(67)を調整役とする組織的なあっせんの仕組みづくりを同省が主導していた可能性が強まった。松野博一文科相が6日会見し、関係資料とともに嶋貫氏の実名を公表した。松野氏によると、あっせんは2009年から始まり、13年ごろまでに人事課が関与する体制ができた。歴代の事務次官や文科審議官ら上層部も、この体制を認識していた。

（7面に関連）

嶋貫氏は大学などの求人情報と退職予定者をマッチングさせる役割を担っていたが、この仕組みをつくるため、文科省が嶋貫氏の事

していた疑いが濃厚だ。内閣府の再就職等監視委員会も同日、人事課が嶋貫氏に力添えしていたことを明らかにした。

文科省は引き続き調査を進め、2月下旬に中間報告、3月末に最終報告をする。

りゅうちゃんクイズ 2123 社会編

那覇空港の滑走路を増設するため、埋め立てる石材は奄美大島からもってくるよ。その採石場周辺で見つかった特定外来生物はどれかな。

①イネズミゾウムシ
②ハイイロゴケグモ
③アルゼンチンアリ

答えは5面

❷

基地がなくなると沖縄経済は成り立たないのか

沖縄基地の虚実

沖縄は基地で食べているのか?

——跡地の経済効果28倍/基地は発展の足かせに

2016年4月22日午後1時半、翁長雄志《おながたけし》知事は東京都にある総務省内の会議室にいた。

室内では、国と地方の間で意見が食い違う際、どちらに正当性があるかを審査する国地方係争処理委員会が開かれていた。議題は「米軍普天間飛行場の移設を巡り、翁長知事による名護市辺野古の埋め立て承認取り消し処分は取り消すべきだとして、石井啓一国土交通相が出した是正指示の適否」だった。

翁長知事は意見陳述に立ち、委員に向かってこう述べた。

「一般の国民も多くの政治家も『沖縄は基地で食べている。だから基地を預かって振興策をもらったらいい』と沖縄に投げ掛ける。これくらい真実と違い、沖縄県民を傷つける言葉はない」

翁長知事が例示した風説について、基地や基地跡地の経済効果などの側面で検証してみる。

駐留米軍基地の活動による経済効果として、軍用地料やそこで雇用される人の所得、米軍などに対する財やサービスの提供、国が出す周辺土地への整備費、自治体などへの交付金などがある。一方、民間地の場合、その土地で行われる卸・小売業や飲食業、サービス業、製造業の売上高、不動産賃貸額などから経済効果を算出することができる。

沖縄県は２０１５年1月、すでに返還された米軍基地跡地の那覇新都心地区と小禄金城《おろくかなぐすく》地区（ともに那覇市）、桑江・北前地区（北谷町）に関して、基地が返還される前と返還された後の経済効果を比較する資料を公表している。

那覇新都心地区の場合、返還前の直接経済効果は年間52億円だった。返還後は年間１６３４億円となっていて、その倍率は31倍だ。小禄金城地区では返還前34億円に対し、返還後は14倍の４８９億円。桑江・北前地区は返還前3億円に対し、返還後は１１２倍の３３６億円だ。三つの地区を合計して返還前後を比較すると、返還前が年間89億円なのに対し、返還後は28倍の２４５９億円に達している。

雇用の側面から見た数字もある。那覇新都心地区では返還前が１６８人だったのに対して返還後は1万５５６０人で93倍となっている。小禄金城地区は返還前１５９人に対し、29倍の４６３６人。桑江・北前地区は返還前は雇用ゼロ、返還後は３３６８人の雇用を生み出している。

これらの数字から、その土地が米軍基地の時代より、返還された後の方が経済的に高い実績を

返還された米軍跡地の活動による直接経済効果

出していることが読み取れる。

当時は県政策参与で現沖縄県副知事の富川盛武沖縄国際大学名誉教授（経済学）は、次のように指摘した。

「返還後の直接経済効果は、土地が100％利活用されていることと、周辺との関連は考慮しないことという前提で算出されているため、県経済に与える実際のインパクトはもう少し小さくなるだろう」

「基地は、企業などのように持続的な成長を志向して蓄積資本を拡大する経済主体ではない。アジア経済が台頭し、外資が沖縄に進出しようとしている時代において、基地は沖縄の経済発展の手かせ、足かせになっていることに違いはない」

沖縄基地の虚実

基地があるから振興予算が多い？

――他県と違う一括計上／復帰後、全国家予算の0・4％

「政府も、事実上は基地の存続とひきかえに、ばくだいな振興資金を沖縄県に支出」――文部科学省が2016年3月18日に公表した、2017年春から主に高校一年生が使う教科書の検定結果で、政府見解の「基地と振興はリンクしない」と異なる記述が、帝国書院の『新現代社会』のコラムの中であった。

一方で政府の中でも島尻安伊子沖縄担当相（当時）が、2016年度沖縄関係予算の閣議決定前に、政府と対立している翁長雄志知事の姿勢について、「予算確保に全く影響がないというものではない」と述べるなど、「基地と振興」のリンク論が常につきまとう。

これらの言説について、元沖縄総合事務局調整官で沖縄大学・沖縄国際大学特別研究員の宮田裕氏（地域開発論）は、「沖縄振興の本質を見失っている。なぜ基地問題が入るのか。沖縄振興は

『償いの心』でやるのが原点だ」と指摘する。

宮田氏が言う「償いの心」は沖縄が戦後27年間、米国統治下にあった特殊事情に起因する。沖縄は日本の財政援助から除外され、本土との社会資本・生活基盤の格差、所得格差が生じた。日本の沖縄への財政援助が始まったのは１９６３年で、米国の62年の「ケネディ沖縄新政策」により米国が経済負担の一部を日本に求めたことが発端だった。

宮田氏によると、１９６３年の１人当たりの県民所得は３０１ドル、当時の為替レートで10万８千円、日本の国民所得の21万５千円の約半分だった。

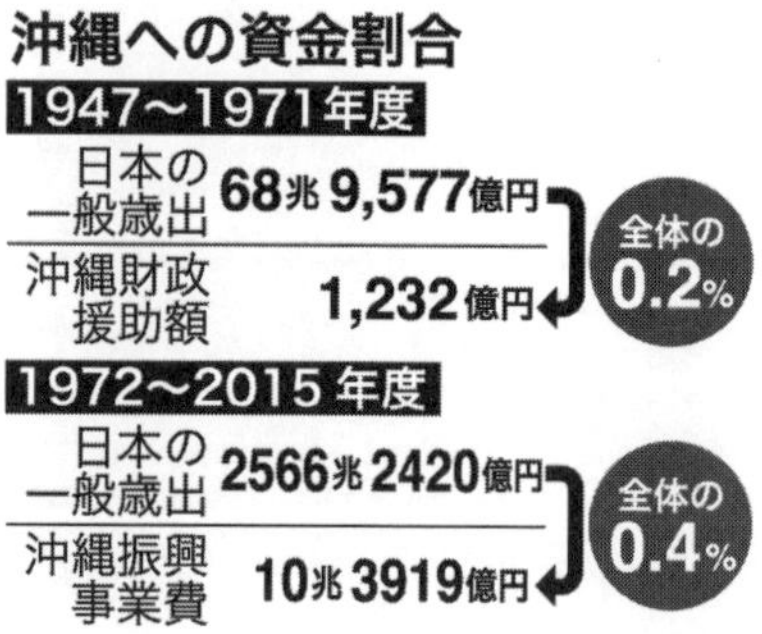

沖縄への資金割合
1947～1971年度
日本の一般歳出 68兆9,577億円
沖縄財政援助額 1,232億円
全体の0.2%
1972～2015年度
日本の一般歳出 2566兆2420億円
沖縄振興事業費 10兆3919億円
全体の0.4%

１９４５～46年度は財政資料がないが、日本復帰前（１９４７～71年度）の沖縄への財政援助総額は１２３２億円で、この間の日本の一般会計歳出予算の累計額68兆９５７７億円に占める割合は、０・２％にすぎなかった。

宮田氏は「（１９４５～62年の）17年間、日本政府の財政から取り残され、スタートラインが違う」と強調する。また１９７２～２０１５年度の内閣府による「沖縄振興事業費」の総額は、10兆３９１９億円（地方交付税を含まず）となり、日本の同期間の一般歳出予算２５６６兆２４２０億円に占める割合は、０・

4％だ。

翁長知事や沖縄県は沖縄振興についての誤解を解こうと、情報発信に努める。翁長知事は、米軍普天間飛行場の名護市辺野古への移設をめぐる代執行訴訟の陳述書で、沖縄関係予算について「『沖縄は3千億円も余分にもらっておきながら』というのは完全な誤り」と指摘した。

2015年8月の東京での政府との集中協議後は報道陣に、国から都道府県への予算についてまとめた資料を配布し、誤解を払拭しようとした。沖縄県企画調整課はホームページで「（よくある質問）沖縄振興について」というコーナーを設け、誤解に反論している。

企画調整課の資料によると、沖縄県の2015年度の国庫支出金と地方交付税交付金の合計額は、7456億円で全国12位（東日本大震災の復興予算が多く投入された岩手、宮城、福島県を除く）となる。国庫支出金は3883億円で全国10位、地方交付税は3572億円で全国15位だ。人口1人当たりで見ると、国庫支出金と地方交付税の合計は52万円で、全国5位である。国庫支出金は27万1千円で全国1位になるが、地方交付税交付金は24万9千円で、全国で18位となる。

沖縄関係予算は沖縄県と各省庁の間に内閣府沖縄担当部局が入り、各省庁の予算を総合的に調整し、予算を一括計上して財務省に要求する仕組みとなっていることも、沖縄が特別視される要因になっている。

沖縄振興開発特別措置法（現在の沖縄振興特別措置法、沖振法）は、1972年の復帰に伴って施行され、政府は「沖縄振興予算」として、沖縄関連の直轄事業や交付金を取りまとめてきた。復帰まで米国統治下にあり、予算折衝などを経験していない沖縄に配慮した措置だ。沖縄関係予算には、国土交通省や農林水産省などの公共事業や学校などの文教施設費、不発弾処理など戦後処理の関係費も含まれる。

他府県は各省庁に予算要求するため総額は見えにくいが、沖縄は各省庁の予算を一括計上するため、総額がすぐ判明する。沖縄関係予算は全国の他府県同様、国の直轄事業費や国庫支出金がほとんどだが、他府県と予算要求の仕組みが違うことから、沖縄が別枠で多額の予算を受けているとの誤解を受けやすくなっていると言える。

沖縄基地の虚実

振興予算は基地負担の見返り？
――根拠ない「基地見返り論」／沖縄予算を上回る国税徴収額

毎年末に「沖縄関係予算3千億円台」との報道が出るたびに、沖縄には国からの予算とは別に、「沖縄振興予算」という名の予算が上乗せされているという誤解が流布される。その誤解はしばしば基地負担の「見返り」と見られ、増幅している。

しかし「3千億円台」は、沖縄以外の他府県が同様に得ている予算の「総額」を示すものである。この沖縄関係予算の存在は、戦後に沖縄が米軍統治下に置かれ、東京の政府機関と直接の予算折衝をした経験がなかった特殊な事情を踏まえ、沖縄県と各省庁の間に沖縄開発庁（現内閣府沖縄担当部局）が入り、各省庁と予算を調整して「一括計上」し、財務省に要求する仕組みに基づくものだ。

つまり、事業予算を各省庁と直接折衝する他府県とは異なる仕組み、経路となっているだけであり、沖縄県が他府県と同様に通常の事業予算を得た上でさらに「基地の見返り」として「振興

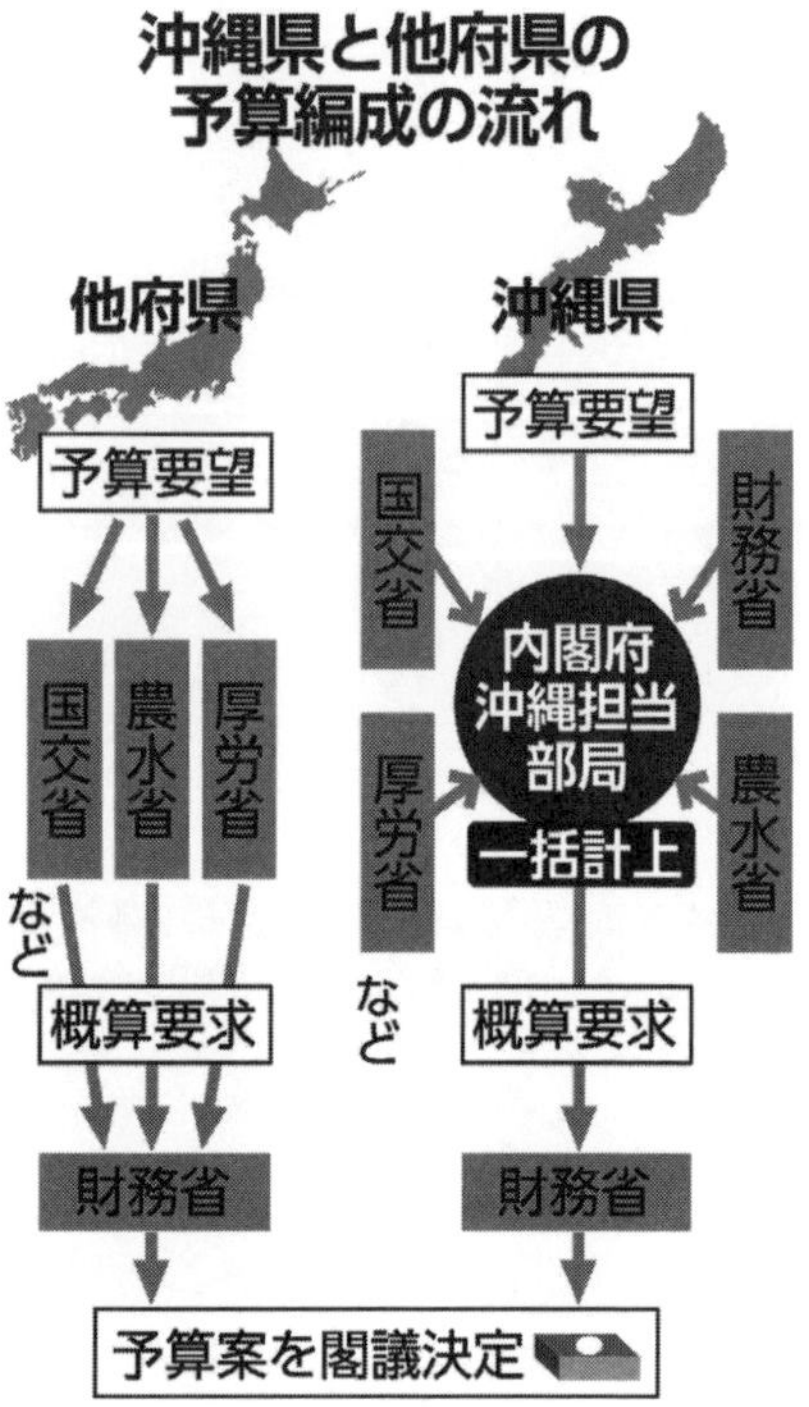

予算」３千億円が上乗せされているわけではない。

ちなみに沖縄から支払われている国税額との比較で見ると、この沖縄関係予算はどれほどの水準にあるのか。

沖縄県内の２０１５年度国税徴収額（徴収決定済額）は、前年度よりも10・６％（３３７億２３００万円）多い３５０８億円と過去最高を記録し、初めて３５００億円を突破した。これは15年度の内閣府沖縄関係予算３３９２億円（補正後）よりも多い額となった。

沖縄から納められた国税が内閣府沖縄関係予算を上回るのは、１９７２年の復帰以降９回目である。また国税徴収額の最新値が公表されている隔年度を含む過去10年度分の統計を見ると、うち６年度分で国税徴収額が沖縄関係予算を超えている。

また全国12都市に置かれた国税局（沖縄は国税事務所）が徴収する「局引き受け分」を除いた分で、

沖縄県と他府県の国からの財政移転の比較

	国庫支出金	地方交付税	国庫支出金＋地方交付税
全体	全国10位（3,883億円）	全国15位（3,572億円）	全国12位（7,456億円）
一人あたり	全国1位（27.1万円）	全国18位（24.9万円）	全国5位（52万円）

※県2015年度決算ベース（都道府県・市町村分合計額）。岩手、宮城、福島を除く順位

2015年度の都道府県別の国税徴収額を比較すると、沖縄は3455億2300万円で全国29位とおおよそ中位にある。

沖縄県内の国税徴収額が伸びている背景には、目標入域客数の上方修正が続く観光業などで経済情勢が好調に推移し、法人税や所得税額を押し上げ、足腰の強い自立経済が確立してきていることがある。

琉球新報社のまとめによると、沖縄が日本に復帰した1972年度から2015年度までの間、沖縄県内の国税徴収額が内閣府沖縄関係予算を上回ったのは1990年度、91年度、2005年度、06年度、07年度、09年度、10年度、11年度、15年度だ（2016年度の国税徴収額は未公表）。

国から地方に移される、国庫支出金と地方交付税を合わせた「財政移転」を沖縄と他府県で比較してみる。

2015年度に各道府県が得た予算を人口1人当たりで割ると、沖縄県は52万円で全国5位だ（東日本大震災で被災した東北3県を除く）。

また県民経済計算で見る1人当たりの公的支出額では全国14位（2012年度）となり、これは旧国鉄を含むJRや道路公団などの大型投資がないことも影響している。他府県より群を抜いて沖縄に国の予算が投入されているわけではない。

ちなみに沖縄県はこの、人口1人当たりの財政移転額で復帰後、一度も全国一になったことはない。

人口1人当たりの財政移転は、国庫支出金が27万1千円で全国1位だが、一方で地方交付税は24万9千円で全国18位となる。

また財政移転の総額で見ると、国庫支出金と地方交付税の合計は7456億円で全国12位。このうち国庫支出金は3883億円で全国10位、地方交付税は3572億円で全国15位となる。

沖縄国際大学の仲地健教授（地域経済学）のまとめによると、県民1人当たりが受けている国からの財政移転額と、沖縄で支払われた国税のバランスを比べた「受益率」で見ると、沖縄の受取超過額は全国で16位（2012年度）だ。沖縄よりも受益率が高い15県のほとんどに米軍基地はなく、「基地見返り論」に根拠がないのは明白だ。

沖縄県企画部は「沖縄は特別に国から予算をもらいすぎだとの指摘もあるが、実際は違う」と説明しており、概要は沖縄県のホームページでも紹介している。

「基地そのものの経済効果」を挙げ、沖縄経済が基地に依存していると主張する声もある。だが実際の数字を見ると、県民総生産に占める基地関連収入の割合は、復帰時の約15％から現在は約５％にまで低下した。

一方で観光収入は伸び続け、いまや基地関連収入の倍以上となっている。基地関連収入２０８８億円（２０１３年度）に対し、観光収入は５３４２億円（14年度）となっている。沖縄への入域観光客数はここ数年、過去最高を更新し続けている。

都道府県別の国税徴収状況（2014年度）

順位	都道府県	国税徴収決定済額（百万円）
1	東京	23,491,944
2	大阪	5,198,334
3	愛知	3,736,981
4	神奈川	3,288,963
5	千葉	1,731,310
6	埼玉	1,479,834
7	福岡	1,458,081
8	兵庫	1,456,728
9	北海道	1,390,751
10	京都	1,025,406
11	静岡	1,010,191
12	広島	856,218
13	茨城	793,612
14	宮城	731,860
15	岡山	673,769
16	三重	631,307
17	山口	548,317
18	群馬	546,415
19	新潟	519,690
20	岐阜	486,428
21	福島	485,235
22	長野	472,234
23	栃木	465,656
24	愛媛	445,554
25	富山	338,273
26	大分	325,252
27	熊本	315,779
28	香川	312,722
29	**沖縄**	**311,666**
30	鹿児島	310,521
31	石川	308,474
32	和歌山	267,928
33	滋賀	254,544
34	青森	248,434
35	岩手	239,811
36	長崎	232,075
37	山梨	221,843
38	宮崎	219,325
39	山形	208,266
40	奈良	207,781
41	福井	200,919
42	秋田	168,275
43	徳島	164,314
44	佐賀	146,899
45	高知	129,916
46	島根	122,241
47	鳥取	95,932
	全国計	59,037,699

沖縄観光コンベンションビューローの平良朝敬《ちょうけい》会長は、観光収入が伸び続ければ県民総生産額自体が拡大し、基地関連収入が沖縄県経済全体に占める割合はさらに小さくなると指摘する。また観光客が増えれば、国に納める消費税の増加にもつながると分析する。

さらに平良会長は、「沖縄の国税支払額は九州でも4位と中位だ。2、3位の大分、熊本とは僅差で、このまま経済が拡大すれば、福岡に次ぐ九州2位の国税納付県になる」とも指摘する。そして「在沖米軍基地は戦略的な土地利用を妨げており、いまや発展の阻害要因となった」と強調している。

沖縄基地の虚実

沖縄は基地に依存しているのか？

――基地収入は県民総所得の5％／基地収入にまだ誤解

「沖縄県内の経済が基地に依存している度合いはきわめて高い」――先にも触れた、2016年3月に公表された帝国書院の高校用教科書『新現代社会』の記述だ。

このコラムを掲載した教科書は文部科学省の検定を経て、公表されている。つまり、この内容に政府が〝お墨付き〟を与えたことになる。この記述は事実に即しているか――。公表されている統計を基に検証していく。

2016年3月18日に沖縄県が公表した県民経済計算によると、最新の数字である2013年度の県内総生産と県外からの所得を合算した県民総所得は、約4兆1211億円である。

それに対して沖縄県が基地関連収入と位置付ける、軍雇用者所得と軍用地料、米軍への財・サービスの提供などを合計すると、約2088億円になる。県民総所得に占める基地関連収入の割合は13年度現在5・1%だ。

県民経済計算と同日に公表された帝国書院教科書内のコラムでは、「その経済効果は（中略）2千億円以上にものぼると計算されている」と、金額に言及する一方で、その額が県民総所得の5%程度ということには触れず、「基地に依存している度合いはきわめて高い」と結論付けている。

県民総所得に占める基地関連収入の割合

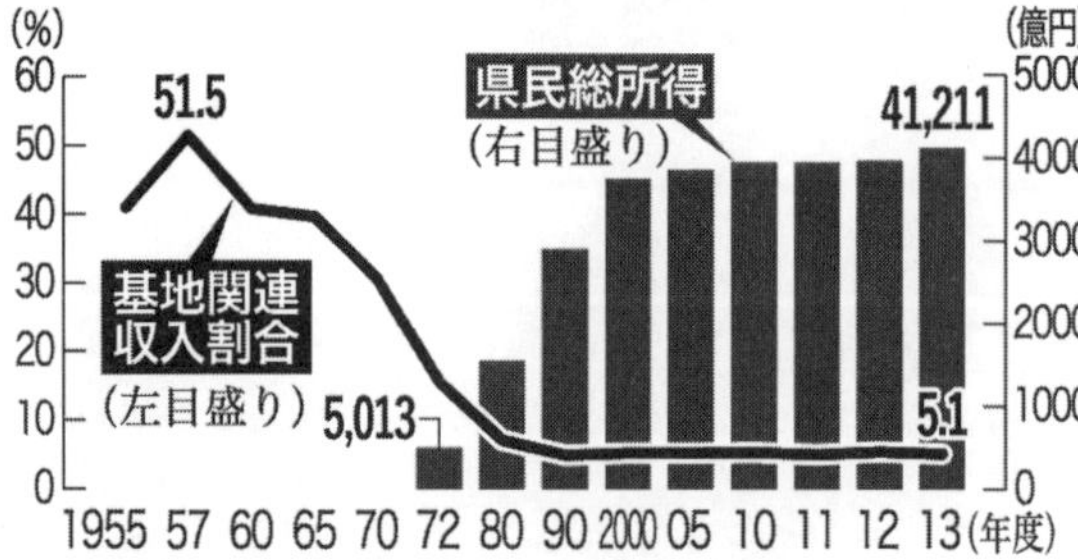

※復帰前は県民総所得がドル計算のため割愛

沖縄振興政策の変遷に詳しい沖縄大学・沖縄国際大学特別研究員の宮田裕氏は、「沖縄の経済が基地に依存していたことはあった。しかし、それは1950～60年代の話だ」と指摘する。

琉球政府による1971年度国民所得報告書によると、沖縄戦終戦から10年後の1955年度は県民総所得は1億1730万ドルに対して、基地関連収入は4820万ドルで41・1%を占めている。

以降、1957年度にピークの51・5%を迎えた後は、日本復帰の1972年度に15・5%、1980年度に7・1%

と県民総所得に対する割合は下がり、1986年度以降、4～5％台で推移している。

宮田氏は「5％という割合は〝依存〟と言えるのか」と、帝国書院の教科書の表現に疑問を呈する。

検定結果公表後、事実に反するとの批判を受けて帝国書院は、「基地に依存している度合いはきわめて高い」という記述を削除し、「県民総所得に占めるこれらの収入の割合は約5％である」と追記する訂正を申請し、文科省は2016年4月11日付で申請を承認した。

一方、帝国書院はこの訂正の中で、政府が基地と引き換えに「ばくだいな振興資金」を支出しているとの記述を削除し、米軍施設が沖縄に集中していることなどを理由に、「毎年約3千億円の振興資金を沖縄県に支出している」との記述を追加した。

この記述は、沖縄関係予算が他府県と異なる計上方式であることを無視するか、理解せずに書かれている。

内閣府沖縄担当部局は各省庁の沖縄に関係する予算を一括して計上し、財務省に要求する仕組みになっているため、他府県と違って概算要求の段階で総額が出る。それが3千億円台なのだ。

さらに沖縄関係予算を「資金」と表現していて、沖縄県が予算とは別枠の資金として、基地の対価として3千億円を受け取っていると、教科書を読んだ高校生を誤った解釈に誘導する内容になっている。

帝国書院は訂正した理由を、「誤解のある表現は改めなければならない。言葉足らずのところは改め、理解しやすい表現にした」と説明していて、文科省は「(訂正された文の)記述が誤りでないことが確認できた」などとして、訂正を承認している。

沖縄基地の虚実　返還された土地はどうなっている？

——基地跡地の発展／基地経済は限界

沖縄県庁から約5キロの距離に位置し、商業施設や高層マンション、オフィスビルなどが立ち並び、モノレールが行き来する那覇新都心地区。県立博物館・美術館があり、県内で2番目に大きなショッピングセンターが建つ。このところ県民だけでなく、外国人観光客の姿も日常的な風景となった。

1987年に返還された米軍牧港住宅地区を開発したこの地は、返還前は年間の直接経済効果が52億円、雇用者数が168人だったのに対し、返還後のいまは、直接経済効果が返還前の31倍の1634億円、雇用者数は同じく93倍の1万5560人に急増した。税収効果も返還前の6億円から199億円と33倍に増えた（いずれも沖縄県調査）。

「基地は沖縄経済の阻害要因」という言葉を裏付けるモデルだ。

だが現在の姿にたどり着くまでの道のりは平坦ではなかった。

牧港住宅地区の返還が決まった後、1740人（1988年時点）もの地主で構成し、跡地利用計画づくりに奔走した、那覇新都心地主協議会で会長を務めた内間安晃さん（63歳）と事務局長だった普久原朝博さん（61歳）は、当時をこのように振り返る。

「地主の中には『これからどんな街を造り上げていくか見えない』という不安があった。目の前には安定した基地収入があり、返還されても困るという人もいた」

今、発展した街並みを眺め内間さんはこう言い切った――「返還されて良かったと思う」

日本復帰前だった内間さんの少年時代、沖縄の水事情は厳しかった。断水に見舞われた時に内間さんが牧港住宅地区のそばを通ると、米軍人の子どもたちがコップの水を手に、アイスクリームを食べていた。「フェンスの中」は豊かさの象徴だった。

今、そこにフェンスはない。那覇新都心地区は県民の豊かさを生み出す原動力となっている。

牧港住宅地区の跡地利用に向け、那覇新都心地区地主協議会が腐心したのは跡地利用の青写真を示すことだった。個々の土地利用ではなく、街全体の開発を進めることで、結果として土地の価値が上がると考えたからだ。

協議会長だった内間安晃さんらは、公民館などで地主への説明会を重ねた。「本当に大型商業施設が来るのか」――地主からは疑念の声も上がった。実のところ、内間自身さんにも内心、迷いはあった。「今の新都心の姿を見せることができれば、当時あんなに説得に苦労はしなかったけどもね」と苦笑いする。

「基地の場合は経済効果は面積分しかないが、都市開発は成功すれば建物の高さの分も経済効果が得られる」――「今の姿」を見詰め、街の移り変わりをかみしめた。

当時、米軍基地は返還日から半年しか地主への所得保障はなかった。返還後に不発弾や汚染物質などが発見され、原状回復が遅れれば、地主は「無収入」に陥る。将来を不安視して土地を売却した地主もいた。

この跡地利用制度を巡る大きな転機は復帰40年の節目となる２０１２年４月、跡地利用推進法の施行だ。国の責任で原状回復をした後に、土地が「利用可能になるまで」地主の所得が保障されることになった。軍用地主たちは安心して、「返還」を求められるようになった。

那覇新都心と同じく基地跡地である北谷《ちゃたん》町美浜地区・通称「アメリカンビレッジ」は、中心に公営駐車場を置くことで、訪問者が街を歩いて買い物や飲食をする動線を生み出す「回遊型」のコンセプトを持たせた街づくりをした。街を散策することで「当初予定」以外の消費を促すことが狙いだ。

沖縄県の調査によると、このアメリカンビレッジの一部を含む「桑江地区」や、南にある「ハンビータウン」を抱える「北前地区」を併せた「桑江・北前地区」の跡地開発の直接経済効果は年間336億円で、返還前の112倍に上る。

また同じく米軍返還地である那覇市の小禄金城地区は、直接経済効果が年間489億円で、返還前の14倍となっている。

沖縄県の経済政策を担当する富川盛武副知事は、米軍基地の跡地開発について「県民所得に占める基地収入が5％まで落ち、基地経済の限界が見える中、那覇新都心や北谷町美浜の成功例を見て、県民がこの10年で経済効果を実感した」と分析する。そして「以前は建前で基地に反対と言い、本音では経済的理由から返還してほしくないと考える人も多かったが、現在は本音で返せと言うようになった」と、世論の変化を指摘する。

富川副知事は「数十年前まで沖縄をこれほど大勢の外国人観光客が歩く光景など、想像もできなかった。跡地利用にとっても、アジアのダイナミズムを取り込んで最も高い効果が得られる千載一遇のチャンスだ」と強調する。

さらに、「浦添市のキャンプ・キンザーなどは絶好のロケーションにあり、より高い跡地利用効果が期待できる」と指摘しつつ、「跡地利用のコンセプトはそれぞれ特徴を持たせる必要がある。

返還跡地利用に伴う経済効果（2015年1月現在）

那覇新都心地区（195.1ヘクタール）

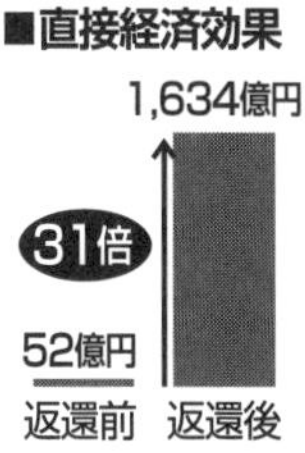

■活動による経済波及効果

	返還前	返還後	倍率
雇用者実数	168人	15,560人	93倍
税収効果	6億円	119億円	20倍

北谷桑江・北前地区（38.2ヘクタール）

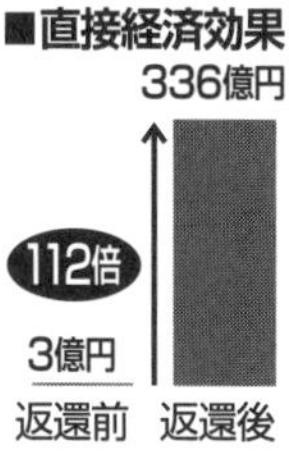

■活動による経済波及効果

	返還前	返還後	倍率
雇用者実数	0人	3,368人	皆増
税収効果	0.4億円	40億円	100倍

小禄金城地区（108.8ヘクタール）

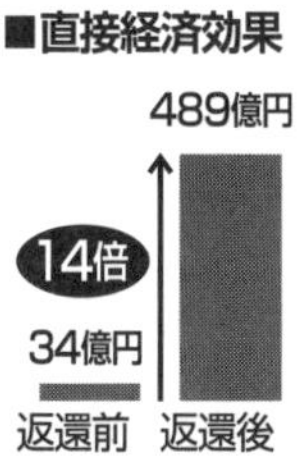

■活動による経済波及効果

	返還前	返還後	倍率
雇用者実数	159人	4,636人	29倍
税収効果	1.5億円	59億円	39倍

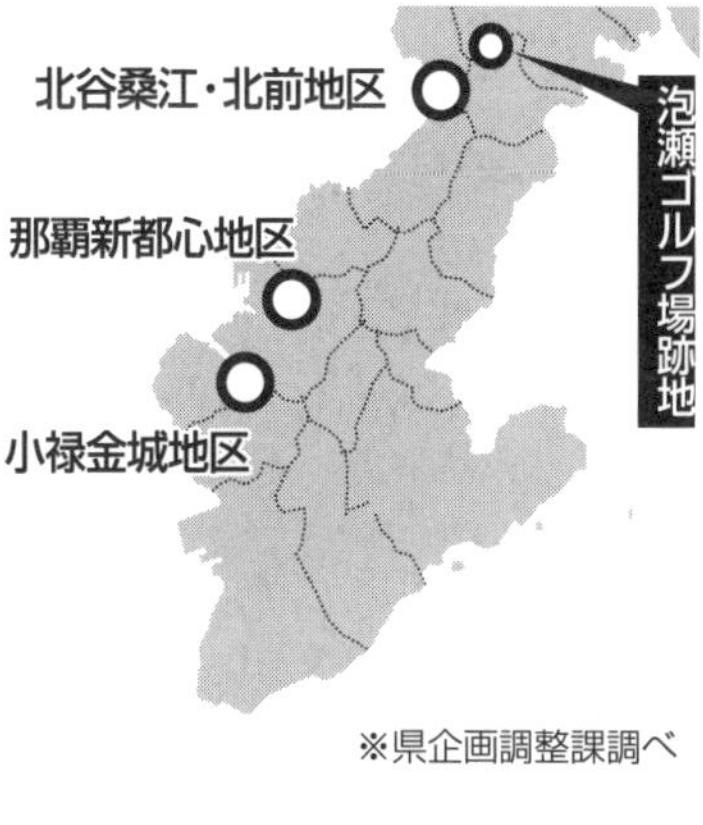

※県企画調整課調べ

金太郎あめのような計画ではパイ（収益）の奪い合いになる。周到な計画が重要だ」と今後の返還を見据える。

これからの返還が予定される米軍施設の直接経済効果について、沖縄県はキャンプ桑江で年間３３４億円（返還前の8倍）、キャンプ瑞慶覧《ずけらん》で年間１０６１億円（同10倍）、普天間飛行場で年間３８６６億円（同32倍）、牧港補給地区で年間２５６４億円（同13倍）、那覇港湾施設で年間１０７６億円（同36倍）を見込んでいる。

またこれら施設の跡地を利用すれば、普天間飛行場で約3万4千人（返還前の32倍）、牧港補給地区で約2万5千人（同14倍）、那覇港湾施設で約1万1千人（同47倍）もの誘発雇用人数が見込まれている。

多くが島の「一等地」に陣取ってきた米軍基地の返還利用は、沖縄県民にとってまさに経済発展の起爆剤になると言える。

沖縄基地の虚実

普天間基地あるほうが経済効果は大きい？
――収入、市財政の3％／現状無視の〝神話〟

インターネット上では、在沖米軍基地が沖縄経済に好影響を与えているという言説が流布している。在日米海兵隊は公式ホームページで、「在沖縄米軍がもたらす経済効果」と題して「民間地域での消費は地元経済に大きく貢献している」と説明している。

２０１７年度から使用される帝国書院の高校教科書『新現代社会』のコラムでも、同様の記述が掲載された。

米軍基地の存在が地元経済に好影響をもたらすという言説は、現状を無視した〝神話〟でしかない。１月の宜野湾市長選に出馬した２人の候補者は、米軍普天間飛行場の即時返還を求めることで一致しており、宜野湾市議会の与野党も即時返還を求めている。

宜野湾市は２０１６年３月に作成した基地に関する冊子で、一般歳入額に占める基地関係収入

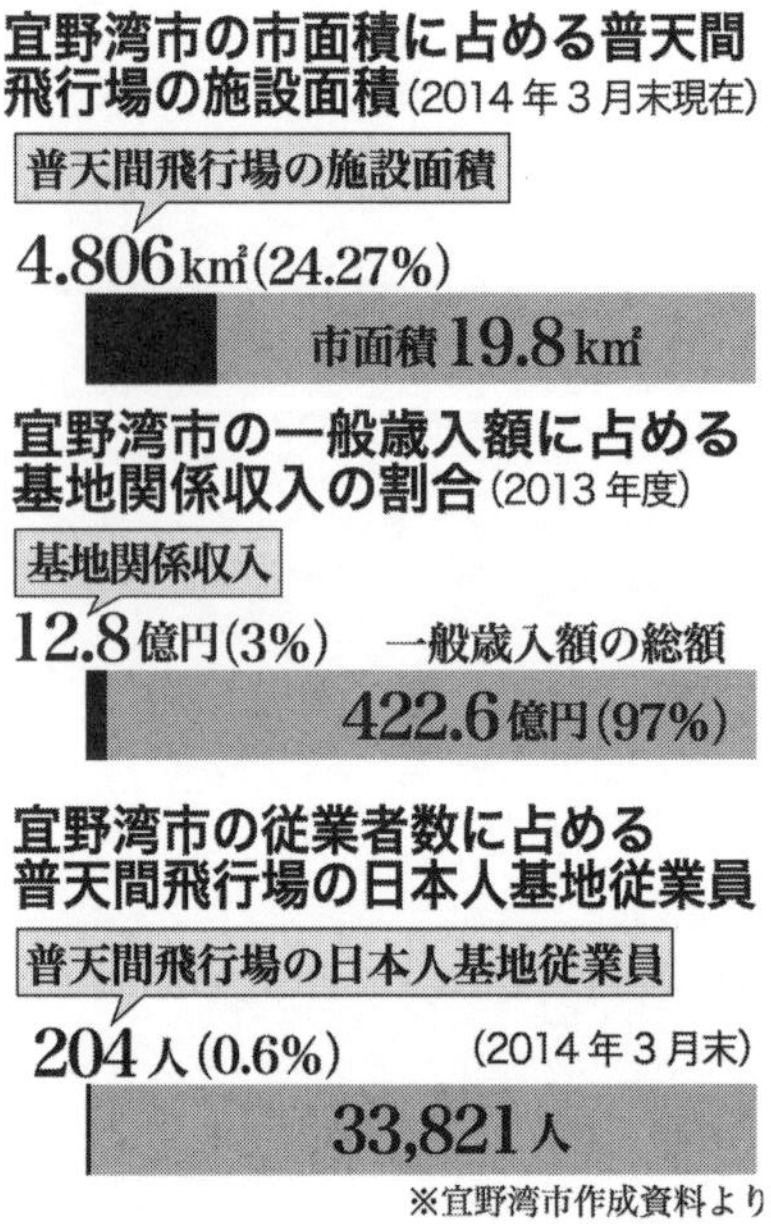

は2006～13年の間は、3%台で推移していることを紹介している。普天間飛行場の日本人従業員は2014年3月末現在で204人で、宜野湾市の従業者数3万3821人の約0・6%だ。一方で普天間飛行場宜野湾は市面積の4分の1を占める。

市の担当者は、「収入も雇用も返還後の跡地利用によって何十倍になるだろう」と話し、基地の存在が経済面での発展を阻害していると指摘する。

沖縄県が2015年1月に公表し、ホームページでも随時掲載している「駐留軍用地跡地利用に伴う経済波及効果等に関する検討調査」では、普天間飛行場の返還後の直接経済効果は返還前の32倍と試算している。

調査は県や国がまとめた資料を基に実施した。

普天間飛行場の返還後の産業として、リゾートコンベンション産業や医療・生命科学産業を想定しており、返還後に生じる飲食業やサービス業などが、返還前の地代収入や軍雇用者所得や米軍等への財・サービスの提供などに代替し、１２０億円から推計で３８６６億円に増額する。

ジャーナリストの屋良朝博《ともひろ》氏は、「基地の広大な面積に比較すると雇用者は少ない。基地に経済的発展性はあるのかも疑問だ」と語る。思いやり予算の存在を挙げ「米海兵隊は経済効果があると言っているが、彼らが使うお金は日本国民の税金だ」と指摘した。

宜野湾市内の食料店の店主に、米軍基地の存在が好影響をもたらしているのかを尋ねると、「そんなことあるわけないさ」と一蹴しながら、「米軍関係者は市内ではあまり買い物はしない。基地はないほうがいい」と話した。

沖縄基地の虚実

軍用地主の年収は数千万円？
――200万円未満が7割強／跡利用に強い期待

2015年6月25日、自民党の若手議員による勉強会が東京都内の党本部で開かれていた。講師に立った作家の百田尚樹《ひゃくた》氏は、沖縄の地元紙について「つぶさなあかん」などと発言したほか、軍用地主についてこう述べた。

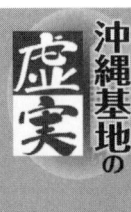

「基地の地主たちは年収何千万円だ。だから基地の地主が六本木ヒルズに住んでる。大金持ちだから、彼らは基地なんて出て行ってほしくない。もし基地移転ということになったら、えらいことになる」

これら発言が事実に即しているか、検証する。

沖縄防衛局によると、2014年度現在の年間軍用地料（米軍分のみ）の金額別割合は100万円未満が58・4％、100万円以上200万円未満は19・1％、200万円以上

軍用地料の内訳
（金額は２０１４年度支払額、所有者数は15年３月末現在）

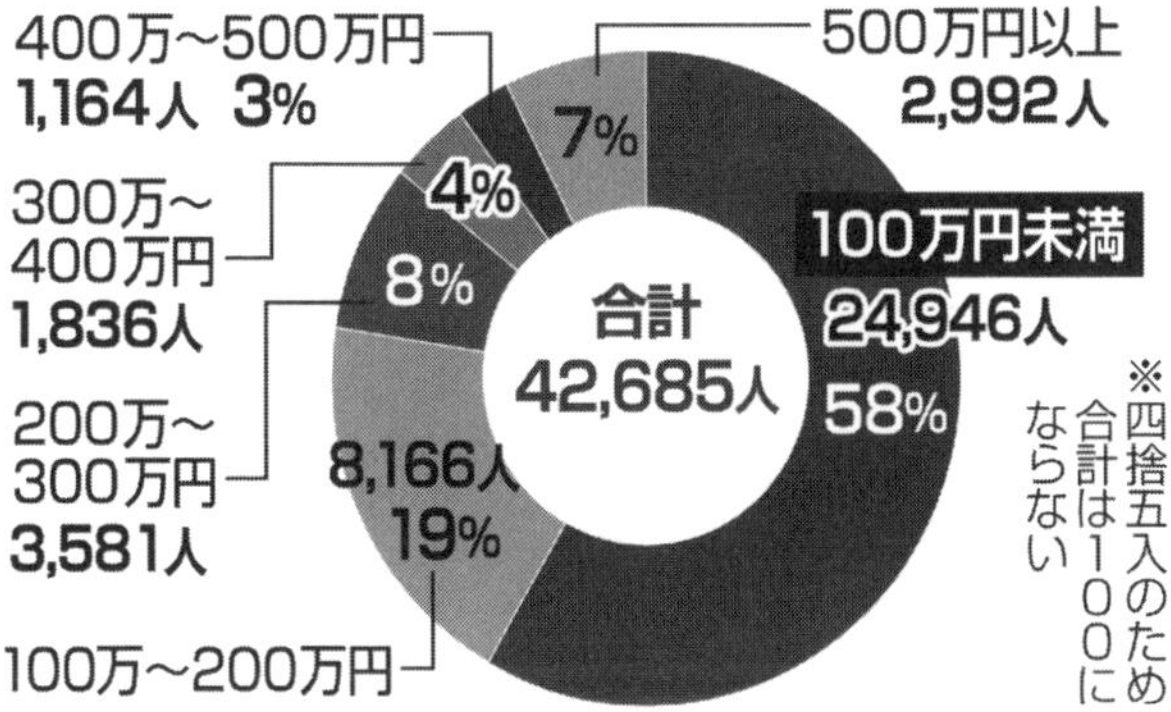

３００万円未満は8・4％、３００万円以上４００万円未満は4・3％、４００万円以上５００万円未満は2・7％、５００万円以上は7％だ。

4人のうち3人が２００万円未満で、５００万円以上は1割に満たない。

沖縄県内のほとんどの軍用地地主会で構成される沖縄県軍用地等地主会連合会（土地連）の真喜志康明会長は、金額別割合を念頭に、「百田さんの見解は（実態と）全然違う」と指摘する。

「基地移転となったら（地主は）えらいことになる」という発言も、土地連の見解とは異なる。

真喜志会長は、「北谷《ちゃたん》や天久《あめく》、泡瀬ゴルフ場跡地（北中城村）の事例を見ても、跡地利用の合意形成がうまくいけば、返還後の方が雇用や固定資産税など経済の観点から有効に活用されている」と述べた。

さらに、「高齢の地主の中には、返還されても跡利用を個別にできないのではと懸念する人もいるかもしれない」としつつ、「今は原状回復期間中やその後3年間まで地料相当額がもらえるなど、制度が整備されている。返還が決まっている嘉手納より南の基地について、跡利用の観点から部分返還や細切れ返還とならないよう、計画的な返還を求めたい。県全体の発展をわれわれ軍用地主も支えていく」と、返還後の跡利用に前向きな考えを示した。

沖縄にある米軍基地は、沖縄戦中や戦後、強制接収されて出来上がった。

「地主はみな、喜んで土地を提供したという思いは持っていないですよ」と、真喜志会長は語った。

沖縄基地の虚実

辺野古の抗議は「プロ市民」？

――個人参加の沖縄県民集う／座り込みは自己負担

「背負ったリュックに中国からもらったお金が入っていて、座り込み参加者に配っていると言われているが、中身は雨具だ」

米軍普天間飛行場移設に伴う名護市辺野古への新基地建設で、市民らが抗議の座り込みをする米軍キャンプ・シュワブのゲート前だ。雨の日に沖縄平和運動センターの山城博治議長があいさつでよく口にするフレーズだ。新基地建設反対運動のリーダー的存在の山城さんは、２０１５年４月に悪性リンパ腫で約４か月入院した。退院以降、雨にぬれないよう気を使う山城さんは「根も葉もない、いい加減な情報がまかり通っている」と語気を強める。

インターネットでは市民らの抗議行動を揶揄《やゆ》する言説が多く見られる。

座り込みをする市民を「プロ市民」と呼び、沖縄県外から来た一部の活動家だ、と定義するの

新基地建設に反対し、ゲートの前のテントで座り込む市民ら（名護市辺野古のキャンプ・シュワブ前）

もそうだ。

ヘリ基地反対協議会（注）の安《あ》次《し》富《とみ》浩共同代表は、「一体どういう定義か。いずれにせよでたらめだ」と苦笑する。辺野古に基地移設が浮上してから活動を続けるヘリ基地反対協では、共同代表ら中心人物には、カンパから行動費として月1万円が充てられる。ただ、連日、辺野古漁港側のテント村に通う活動の足しにもならない。

辺野古基金（注）からヘリ基地反対協への支援分は、新聞などの意見広告とグラスボートの購入費に充てられた。日常の運営には一切使われていない。

海上行動をする市民らの食費だけは、ヘリ基地反対協がカンパから負担している。座り込みの市民らには当然、日当は出ない。

「座り込み参加者は弁当も自己負担。新基地を造らせないという思いで集まっている。それで何が〝プロ〟なのか」と、安次富さんは指摘する。

沖縄県外からも多くの人がゲート前に訪れる。

定期的に訪れる沖縄本島中部の60代の女性らは、「本土の人が沖縄だけの問題ではないと当事者意識を持って集まっている。震災などのボランティアと同じ。感謝している」と話す。その一方で、「県外の人だけというのはとんでもない。団体に所属していない多くの県民が、連日集まっている」と強調する。

毎日の座り込みで動員を誇るのが、島ぐるみ会議（注）のチャーターバスだ。毎日午前10時に沖縄県庁前を出発するバスは誰でも乗れ、費用は一人往復千円だ。他にも各地の島ぐるみ会議が定期的にバスを出して、連日100〜200人が、キャンプ・シュワブのゲート前を訪れる。

沖縄県民の中には、新基地建設に反対していても抗議行動に参加できない人は多い。琉球新報社が2016年4月に辺野古、豊原《とよはら》、久志《くし》の久辺3区で辺野古問題に対する聞き取り調査（周辺取材参照）をしたところ、「反対」と回答してもゲート前の抗議に参加している住民はわずかだった。一様に「狭い地域なので目立った反対はできない」と声を落とした。

インターネット上で流布する「プロ市民」という言葉について、沖縄国際大学の佐藤学教授（政治学）は、「全国的に基地問題だけでなく、政府に対し、反対する行動を取る市民らを〝プロ市民〟と非難する言説が見られる。運動が限定的な一部の活動家によるものだと、矮小化する印象を持たせようとするものだ」と指摘した。

【周辺取材：久志3区での聞き取り調査】

米軍普天間飛行場の名護市辺野古移設計画に関し、琉球新報は２０１６年4月11日までに移設先に近い辺野古区、豊原区、久志区の久辺３区で戸別訪問のアンケートを実施した。辺野古移設計画の賛否については「条件付き容認」が39・9％で、反対の42・1％と拮抗した。「推進すべき」は7・3％だった。

その一方、普天間の危険性除去の解決策（普天間飛行場の移設先）として「県外・国外移設」「即時閉鎖」を望む住民が6割に達した。政府が移設作業を強行する中、現実には条件付きで容認せざるを得ない状況だと捉える半面、できるなら辺野古に移してほしくないという住民の複雑な心境が浮かび上がった。

このアンケートは6～8日の3日間、記者が各区の民家を1軒ずつ回って在宅していた高校生以上の住民に直接聞き取る形式で実施した。

それは北部報道部などの若手の記者たちの強い思いがあった。「辺野古への基地建設が持ち上がってほぼ20年。地元の人たちはどう考えているのか」――基地建設への賛否を巡って親兄弟がいがみ合う状況が長年続く地元で、直接顔を合わせて聞いてみたいという思いだった。

記者8人が日中と夜間に分け、一軒一軒時間をかけて回った。全体の世帯数の36・3％に相当する572世帯を訪問した。うち留守は292世帯だった。全体で283人と面会し辺野古区103人、豊原区35人、久志区40人の計178人（男性92人、女性86人）から回答を得た。

デリケートな問題だけに、回答を得られた数と同じくらい拒否された。拒否は辺野古が70人と最も多く、3区合計で105人。回答率は62・9％だった。

その様子は次の記事になった。

「早く終わらせて」／辺野古住民、悲嘆と無力感

【名護】賛成、反対を問わず、辺野古移設問題に20年間翻弄され続けてきた久辺3区の人々の表情に、怒りや悲嘆、そして無力感がにじみ出ていた。アンケートに対し、ある人は声を潜め「私が答えたことは誰にも言わないで」と念を押した。住民の疲弊した様子が今回のアンケートで垣

間見えた。

かつて「移設反対」を決議した3区は、頭越しで移設計画を進める政府の強硬姿勢や地域振興という「アメとムチ」にさらされ続けた。3日間、計8人の記者が名護市辺野古、豊原、久志区の民家を日が暮れても訪ね歩いた。

「これまで地域の一人一人に向き合って声を聞いていなかった。本音を聞かせてほしい」と気持ちをぶつけた。「地域の声を一人でも多くの人に知ってほしい」と伝えると、消極的だった人も徐々に複雑な胸の内を語り始めてくれた。

豊原区の60代女性は「あの美しい大浦湾が壊されると思うと胸が痛い」と表情を曇らせた。子や孫に中南部に住むように言い聞かせている。今後、古里が危険な場所になるかもしれないから。「人生は諦めが肝心だよ」と、女性はぽつりとつぶやき、戸を閉めた。

「正直に言っていい?」。辺野古区の60代の女性はいったん目をつぶった。「危険を伴う基地が来ること自体、何のメリットも感じない」と小さな声で話し始めた。「長いことこの地域に住んでいるけど、あからさまに反対と言うことはぎくしゃくするからね。私が話したことは誰にも言わないでね」

かつて移設に反対していた辺野古区の50代男性は賛成に転じた。「基地を造って早くこの問題を終わらせてほしい」と目を伏せた。(2016年4月12日付)

注　ヘリ基地反対協議会：正式名称は「海上ヘリ基地建設反対・平和と名護市政民主化を求める協議会」。米軍普天間飛行場の移設に伴う名護市への海上ヘリ基地建設の是非を問うために1997年12月21日に行われた名護市民投票の実施を進めた市民投票推進協を改組し、97年10月に結成された。以降、辺野古新基地建設への反対運動を主導し、座り込み抗議行動などを続ける。

注　辺野古基金：名護市辺野古への新基地建設に反対し、建白書において要求されたオスプレイ配備の撤回、普天間基地の閉鎖・撤去及び県内移設を断念させる運動（活動）の前進を図るために基金を募り、物心両面から支援する団体。共同代表は五十音順に石川文洋氏（写真家）、呉屋守將氏（金秀グループ会長）、佐藤優氏（作家）、菅原文子氏（エッセイスト、俳優菅原文太氏の妻）、鳥越俊太郎氏（ジャーナリスト）、長濱徳松氏（沖縄ハム総合食品会長）、宮城篤実氏（元嘉手納町長）、宮﨑駿氏（映画監督）

注　島ぐるみ会議：正式名称は「沖縄『建白書』を実現し未来を拓く島ぐるみ会議」。2013年に県内41市町村の首長と議会議長、超党派の県議らが米軍普天間飛行場の県内移設断念とオスプレイの配備撤回を求めて署名し、安倍晋三首相に手渡した「建白書」の理念実現を目指す組織。県内各地で支部が結成され、辺野古へ向かうバスを運行するなどしている。

速報

琉球新報

THE RYUKYU SHIMPO

2017年(平成29年)
3月25日(土)

発行所 琉球新報社
郵便番号 〒900-8525
那覇市天久905番地
©琉球新報社2017年

新基地阻止へ一丸

辺野古新基地建設断念を求める県民集会に結集した人たち＝25日午前、名護市辺野古

県民集会

国の強行抗議

【辺野古問題取材班】米軍普天間飛行場の名護市辺野古移設に伴う新基地建設に反対する「違法な埋め立て工事の即時中止・辺野古新基地建設断念を求める県民集会」(辺野古に新基地を造らせないオール沖縄会議主催)が25日午前11時、米軍キャンプ・シュワブのゲート前で始まった。翁長雄志知事は就任して以来、辺野古での集会に初めて参加し、新基地建設阻止を訴える。3千人規模を目指す集会に参加しようと、ゲート前には開始前の午前10時ごろから多くの人が集まった。

集会では「沖縄県民と全国の多くの仲間の総意をして『違法な埋立工事の即時中止と辺野古新基地建設の断念』を強く日米両政府に求める」とした決議も採択する。

米軍北部訓練場の新たなヘリコプター着陸帯(ヘリパッド)建設に反対する抗議行動中に逮捕され、約5カ月の勾留後の18日に保釈された沖縄平和運動センターの山城博治議長も開会前にゲート前を訪れた。山城議長は「5カ月にわたって勾留された。けれども全県、全国、世界中の支援を受けて帰って来られた。ありがとうございました」と感謝を述べた。

大規模な県民集会は昨年12月22日の名護市安部区へのオスプレイ墜落に抗議する県民集会以来。オール沖縄会議共同代表の稲嶺進名護市長、高里鈴代氏、呉屋守将氏、玉城愛氏らが登壇する。

年2月2日第3種郵便物認可)

SHOGAKUIN
予備校 尚学院 SヤBA
学院長 名城政次郎 副学院長 名城政一郎

■ニュース・情報提供 098-865-5158
■広告のお申し込み 0120-43-5059
■購読・配達の問い合わせ 0120-39-5069
■本社事業案内 098-865-5256
■読者相談室 098-865-5656

琉球新報
THE RYUKYU SHIMPO 第38889号
2017年(平成29年) 4月26日水曜 [旧4月1日・仏滅]
発行所 琉球新報社 〒900-8525 那覇市天久905

辺野古 護岸着工

国、砕石を海中投下

県は差し止め訴訟提起へ

新基地問題、新局面に

米軍普天間飛行場の移設先とされる名護市辺野古の海域で政府は25日午前、新基地建設の埋め立ての第一段階となる護岸工事に着手した。多くの県民が県内移設に反対し、県も事前協議や岩礁破砕許可申請の必要性など国による手続きの不備を指摘する中、政府は工事を強行した。今後沖縄側の反発がいっそう強まるのは必至だ。県は今後、現場で県が許可していないとする岩礁破砕行為が確認されれば、工事差し止め訴訟を起こす。

2、3、26、27面に関連、7面に詳報

クレーンで砕石を海に投下して護岸工事に着手した現場＝25日午前9時21分ごろ、名護市の米軍キャンプ・シュワブ

1996年の普天間飛行場返還合意から21年を経て、新基地建設問題は埋め立て工事へと新局面を迎えた。サンゴに多大な影響を与える工事が始まった。

25日午前9時20分、作業員が砕石を入れた袋をクレーンでつり下げ、波打ち際から海中に投下した。埋め立て区域の北側部分から始め、今後石材や消波ブロックを海中に投入、埋め立て区域の外枠を造る。一部護岸ができ次第、政府は来年前半にも土砂を海中に投入する埋め立てを進めたい考えだ。埋め立てには5年の工期を見込む。県が提訴すれば、政府は工事の適法性を主張して争う方針。

この日の海上には、建設に反対する市民らが抗議船やカヌーを出し護岸工事着手に抗議した。米軍キャンプ・シュワブゲート前でも反対の市民らが抗議の声を上げた。翁長雄志知事は「あらゆる手法」で工事を

初期の護岸工事着手地点

知事「暴挙だ」 国の対応批判

翁長雄志知事

名護市辺野古沖で政府が護岸工事に着手したことを受け、県は工事による海底の岩礁破砕行為が確認された時点で直ちに工事の差し止め訴訟を提起する方針を固めた。遅くとも1～2カ月後には差し止め訴訟を提起し、工事停止の仮処分も申し立てるとみられる。

翁長雄志知事は25日午後、県庁で会見し「事前協議に応じず強行したのは許し難い。サンゴ礁生態系を死滅に追いやる恐れがあり、環境保全の重要性を無視した暴挙だと断ぜざるを得ない」と厳しく政府を批判した。撤回時期は明示しなかった。知事は護岸工事に「大変な危機感を持っている」と心情を語った。一方で「政府は着手という既成事実をつくろうと躍起になっているが、二度と後戻りできない事態にまで至ったものではない」とも述べた。

県民に不安感が広がっていることに、翁長知事は「県民もいらいらするだろう。決してマイナスの面で考えていない。いい方向に行くよう議論している」と述べた。その上で「あらゆる手法を適切な時期に行使し、辺野古に新たな基地を造らせないという県民との約束を実現するため全力で闘う」と決意を示した。

謝花喜一郎知事公室長は25日、今後1～2カ月に見込まれる浚渫や鉄板が打ち込まれた場合は、海底状況の現認なしでも許可なく岩礁破砕が行われたと確認できると指摘した。その場合は「躊躇せず提訴できる」とした。

今村復興相を更迭

閣僚辞任は昨年8月発足の第3次安倍再改造内閣では初。野党は首相の任命責任を追及する。後任の復興相の認証式は26日に行われる。

速報

琉球新報

THE RYUKYU SHIMPO

2017年(平成29年)
4月29日(土)

発行所 琉球新報社
郵便番号 〒900-8525
那覇市天久905番地
©琉球新報社2017年

護岸着工に抗議

米軍属事件犠牲者も追悼

米軍属女性暴行殺人事件の犠牲者を悼み、黙とうをささげる集会参加者ら＝29日午前11時10分ごろ、名護市辺野古の米軍キャンプ・シュワブゲート前

辺野古 集会に多数県民結集

米軍普天間飛行場移設に伴う名護市辺野古への新基地建設反対などを訴える「辺野古新基地建設阻止！共謀罪廃案！4・28屈辱の日を忘れない県民集会」が29日午前11時から、名護市辺野古のキャンプ・シュワブゲート前で開かれた。新基地建設で、シュワブ沿岸部を埋め立てる護岸工事が始まってから初となる大規模な集会で、多数の参加者が抗議の声を上げ、建設の阻止を訴えた。

大会は、1952年4月28日のサンフランシスコ講和条約発効に伴い、沖縄が日本から切り離された「屈辱の日」を忘れないことや、「共謀罪」の趣旨を盛り込んだ組織犯罪処罰法改正案を廃案に追い込むことも開催の目的に掲げた。

元海兵隊員で米軍属による女性暴行事件が28日に事件発生から1年を迎えたことを受け、犠牲者を追悼する黙とうが行われた。主催者側の呼び掛けで、多くの人が喪に服する意味を込めて黒い服で参加した。

主催者を代表して、高良鉄美県憲法普及協議会長があいさつし、稲嶺進名護市長らが連帯を訴えた。

❸

海兵隊は抑止力になっているのか

沖縄基地の虚実

海兵隊はシーレーン防衛に必要か？①

――主役は海・空軍／海賊脅威、日本周辺になし

沖縄はわが国のシーレーン（海上交通路）に近い、安全保障上極めて重要な位置にある」中谷元・防衛相（当時）は2015年12月、報道各社とのインタビューで力説した。米軍普天間飛行場を沖縄県外・国外ではなく、名護市辺野古に移設する理由の一つとして、在沖米海兵隊によるシーレーン防衛任務を挙げた。

シーレーン防衛は敵対国による海上封鎖などの事態が起きた時、ミサイルや魚雷を載せた潜水艦の派遣や海中に敷設された機雷除去への対処、周辺の制空権の確保などが主な作戦行動だ。

こうした任務を担うのは海軍や空軍だ。

これに対して海兵隊はヘリや水陸両用車に乗った歩兵部隊を、海岸から内陸部に上陸させる「殴り込み」による強襲揚陸作戦や、陸上鎮圧の特殊作戦などが主任務となっている。

海上封鎖を防いだり阻止するシーレーン防衛で、海兵隊がどれほどの役割を果たすのか。専門

沖縄の基地をめぐるキーポイント　米軍普天間飛行場

家からは大きな疑問が投げ掛けられている。

辺野古代執行訴訟で裁判所に提出された準備書面でも、在沖海兵隊の「抑止力」の内実と辺野古移設の合理性をめぐって、沖縄県と国双方が激しい応酬を繰り広げた。沖縄県側は準備書面で、シーレーン防衛では対潜作戦に対応する第7艦隊（米海軍）などが「重要な位置付けを有している」とした上で、「シーレーン防衛と沖縄県内への海兵隊輸送機の駐留の必然性について、合理的根拠が示されていない」と強調し、海兵隊の沖縄駐留はシーレーン防衛とはほとんど無関係だとの主張を記している。

対する国側はシーレーン防衛の意義付けについて、「対潜作戦と対機雷作戦に限られるものではない」との見解を示した上で、二国間・多国間の共同訓練、シーレーン沿岸国などの海上保安能力向上の支援などを挙げて、任務は「多岐にわたる」と反論している。

反論で示された「役割」について、国は海兵隊の運用や作戦との因果関係に絡めて抽象的な表現を列挙しながら、その中で具体的な事例を一つ挙げている。

「米海兵隊は例えばアデン湾・ソマリア沖で海賊対処に当たっており、シーレーン確保のための任務を遂行している」

中東とアフリカにまたがるアデン湾・ソマリア沖の海賊に対する商船などの護衛は現在、日本の自衛隊を含め各国の軍隊や民間軍事企業がすでに行っている。

確かに米海兵隊は２０１０年、海賊に乗っ取られた貨物船を未明に奇襲して奪還する作戦を実行したことがある。しかし任務に当たったのは米西海岸のキャンプ・ペンドルトンに拠点を置く第15海兵遠征部隊であり、参加した兵士はわずか24人だ。遠く位置する沖縄の海兵隊が中東・アフリカ地域まで出向いて海賊鎮圧に加勢することに、中谷防衛相が主張する沖縄の「地理的優位性」を見いだすことは難しい。

一方で「わが国のシーレーンに近い」沖縄の周辺海域で、一国のシーレーン維持を脅かすような活動を展開している海賊は存在していない。

沖縄基地の虚実

海兵隊はシーレーン防衛に必要か?②

――南シナ海、多くの迂回路／存立危機事態に当たらず

中東やアフリカを管轄する米中央軍は２０１４年９月、傘下に特殊作戦などを手掛ける海兵隊の「特別目的海兵空陸任務部隊（ＳＰＭＡＧＴＦ）」を新たに設立した。部隊規模は２３００人で、危機、災害、人道支援、特殊任務などに従事する在沖縄の第31海兵遠征部隊（31ＭＥＵ、約２千人）とほぼ同規模だ。

中東やアフリカに拠点を置く実戦部隊が存在している現在、仮にソマリア沖などで海賊対策が必要となった場合、現地のＳＰＭＡＧＴＦで対処するのが作戦の流れとしては自然だ。

一方、米海兵隊は沖縄に駐留する実戦部隊を、グアム、ハワイ、オーストラリアなどに分散移転する計画を進めている。ＭＥＵやＳＰＭＡＧＴＦを世界各地に編成し、危機や小規模紛争への対応、特殊作戦などに従事する機能を分散しているのだ。沖縄部隊の分散配置を進める現状を見ると、在沖の部隊の守備範囲はむしろ狭まっていると言える。

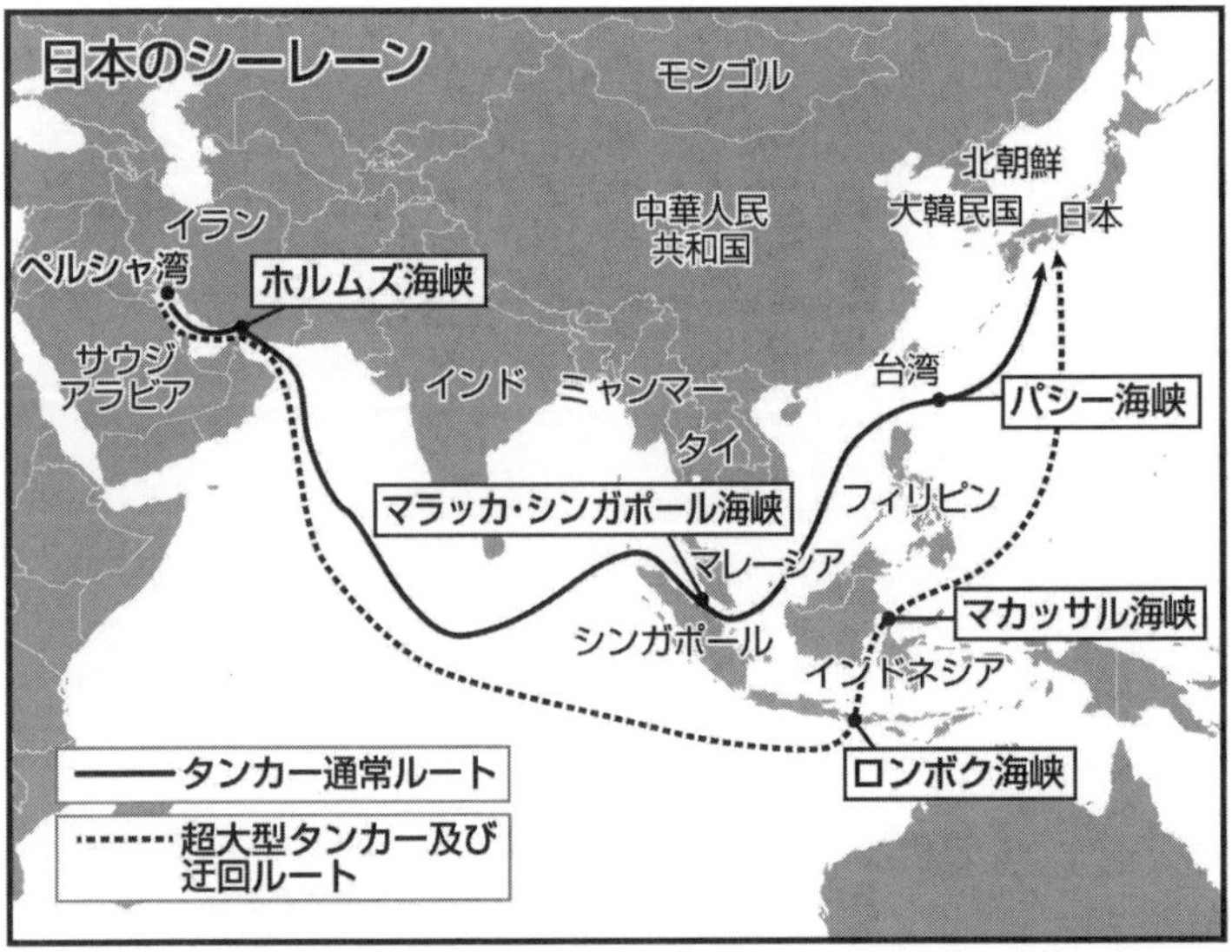

それでは政府が普天間飛行場の辺野古移設が不可欠だとする理由の一つとして挙げるシーレーン防衛の危機が、沖縄の近くで現実として起こり得るだろうか。そしてその対処を沖縄を拠点にした米海兵隊が担う可能性はあるのだろうか。

軍事評論家の田岡俊次氏は、南シナ海での有事を挙げてこう分析する。

「南シナ海を『沖縄近海』と言えるかは微妙だが、嘉手納基地所属のＰ３Ｃ哨戒機が南シナ海で巡視していることを考えると、そう言えなくもない。南シナ海では例えば中国とフィリピン、ベトナムなどの海軍艦艇の撃ち合いが発生すれば、日本の商船も危険性を理由に通航を避ける可能性もあるだろう」

こうした有事に在沖米海兵隊が出動するか

について、田岡氏は「対処するのは海軍だ。陸戦部隊の海兵隊は基本的には関係ない」と、きっぱり否定した。

現在、日本は東・南シナ海経由で原油の約8割を輸入している。資源輸入国の日本にとって、南シナ海は重要な航路だ。南シナ海が有事で断たれた場合、日本の資源輸入は不可能となるのかについて、田岡氏は「紛争などで南シナ海を通れなくても、インドネシア・バリ島の東、ロンボク海峡を抜け、フィリピン東方を回れば済む」と指摘する。

田岡氏の調べによると、ペルシャ湾から東京湾までの原油の運賃は、南シナ海経由で巨大タンカーだと1リットル当たり1円余り。ロンボク海峡を通れば、南シナ海経由より10銭程度高くなる。しかし日本に到着し、精油したものを都内のガソリンスタンドに届ける陸送費は、1リットル当たり約10円だ。

「石油価格は為替相場や原油市場の影響でリットル何円単位で動いており、シーレーンの迂回による『10銭』程度は、全体の値動きに影響しない」と、田岡氏は説明する。

安倍晋三首相は2015年6月の衆院安保法制特別委員会などで、南シナ海に機雷が敷設された場合の集団的自衛権行使を問われ、「南シナ海ではさまざまな迂回路があり、ホルムズ海峡とは大きく違う」と答弁し、存立危機事態に当たらないとの判断を示していた。

沖縄基地の虚実

尖閣有事　海兵隊が即座に奪還する？①

——自衛隊がまず対応／米軍は「支援」「補完」

２０１５年５月、沖縄県庁で翁長雄志知事と初会談した中谷元・防衛相（当時）は、米軍普天間飛行場の名護市辺野古移設の必要性を力説し、中国公船の尖閣諸島周辺海域への侵入を挙げた。米海兵隊の重要性を説くものだった。

現状では日本側だけで中国船に対処していると説明した上で、「自衛隊や海上保安庁もこの対応が大変だ」と述べている。そして中谷氏はこう続けた。

「先日の日米防衛相会談でも、尖閣諸島でも日米安全保障条約におけるコミットをすると再確認した。沖縄は戦略的に極めて重要な位置にある」

つまり仮に現在よりも緊迫した尖閣有事が起きれば、米軍が即座に自動的に海兵隊を派遣し、奪還作戦を行うことを念頭に置いたとも受け取れる発言をしている。

中国との間で領有権争いが問題化している尖閣諸島。中国が侵略した場合には米軍が即時、自動的に奪還作戦をするという言説があるが、日米防衛協力の指針では、島嶼防衛の一義的責任は自衛隊が負うと定めている

インターネット上などでは、尖閣有事が発生すれば海兵隊員が尖閣に急行し、中国軍を撃破、島を奪還する筋書きが示され、米海兵隊を沖縄に置き続ける根拠として挙げられている。

一方、15年4月に改定された日米防衛協力の指針（ガイドライン）では、日本に対する陸上攻撃への対応をこう明記している。

「自衛隊は島嶼《とうしょ》に対するものを含む陸上攻撃を阻止し、排除する作戦を行う一義的責務を負う。必要が生じれば、自衛隊は島嶼を奪還する作戦を実施する」

つまり他国から尖閣への武力侵攻に対しては自衛隊が一義的な責務を負うとしており、米軍が最初から軍事攻撃に加わることを想定していない。むしろ指針では米軍について「（自衛隊を）支援し、補完するための作戦を実施する」と定めている。

2013年4月、米議会上院が設置する米中経済安全保障調査委員会で、「東・南シナ海における海洋紛争」に関する公聴会が開かれた。

参考人の一人に米海軍シンクタンク「海軍分析センター」のマイケル・マクデビット上席研究員が招かれた。同氏は退役海軍少将で主にアジア太平洋の安全保障に精通し、ブッシュ政権時には国防総省でアジア政策を統括した。

尖閣をめぐる日中の紛争を問われたマクデビット氏は、米政府が尖閣諸島を日米安保条約の対象だと公式に説明したことに触れ、「米国はこれらの島をめぐる防衛では日本側を『支援する責務』がある」と述べた。

だが続けて、安倍晋三首相がその2カ月前に首都ワシントンでの講演で、「尖閣について日本は米側にあれやこれをしてほしいと頼む意図はない。自国の領土は今も将来も自分で守るつもりだ」と述べたと強調し、「ホワイトハウスは、尖閣防衛では日本が主導的役割を果たすことを明確にすべきだ」と続けた。

その後、マクデビット氏はより露骨な考えを示した。

「尖閣には元来住んでいる住民もおらず、米国にとって地理的な戦略的価値も、本質的な価値もない。ワシントンは無人の小島のことで中国軍と銃弾を交えることを強く避けるべきだ」

沖縄基地の虚実 尖閣有事 海兵隊が即座に奪還する?②

――米、武力行使は議会承認／政治決断に一定の時間

２０１５年に改定された日米防衛協力の指針（ガイドライン）で、島嶼防衛における米軍の役割が自衛隊の「支援」と定められる中、支援の具体的な内容は米政府から示されておらず、あいまいだ。

尖閣問題で、先に紹介した「米政府は無人の小島のことで中国軍と銃弾を交えることは強く避けるべきだ」との見解を示した米海軍分析センターのマイケル・マクデビット上級研究員（元海軍少将）は、米側が担う「支援」の具体例として「監視、補給、技術指導」を挙げている。

「抑止力」の意味について、日本政府見解は次のように定義している。

「侵略を行えば耐え難い損害を被ることを明白に認識させることで、侵略を思いとどまらせる機能」

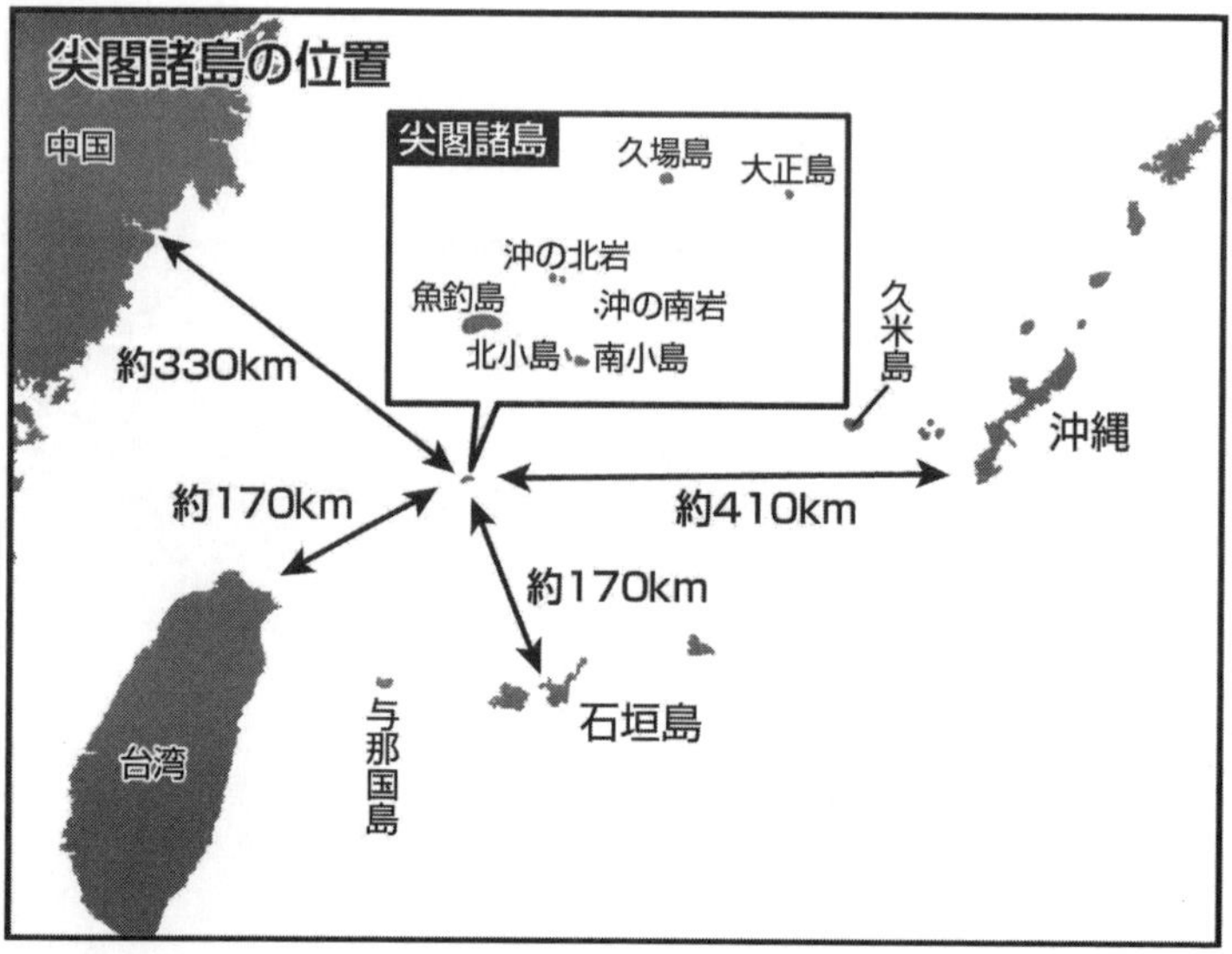

一方、元防衛官僚で内閣官房副長官補を務めた柳沢協二氏は、「離島防衛は陸上自衛隊が主体で、米軍の役割はその支援に限られる。日本政府は『海兵隊は抑止力だから沖縄に必要だ』としているが、米国は日本の離島防衛で海兵隊を出す気はない。つまり抑止力じゃない」と指摘する。

日米両政府が尖閣諸島を日米安保条約第5条の対象だと確認した際、日本政府は米国の支援という約束を「引き出した」(外務省幹部)と成果を強調した。

一方、同条項は日本の施政権下の地域で日米いずれかに対する武力攻撃があれば、「自国の憲法上の規定と手続きに従い共通の危険に対処する」と規定する。

米国憲法の手続きに沿えば、大統領は例外措置があるものの、武力行使に際しては議会承認が必要だ。

他国の「無人の小島」をめぐり、米国と並ぶ大国となった中国と戦火を交えることについて、大統領が議会に承認を求めることが現実として起こり得るのか。米側ではその政治決断に一定の時間を要することは想像に難くない。

沖縄県辺野古新基地建設問題対策課は、「米海兵隊が尖閣に派遣される可能性が全くないとは言わない。ただ仮にその場合も、まずは海上保安庁や自衛隊による対応、外交交渉など長いプロセスを経てからになる」と指摘する。

実際、森本敏防衛相（当時）は2012年に、尖閣問題への対応はまず海上保安庁や自衛隊が行うとし、「尖閣諸島の安全に米軍がすぐ活動する状態にはない」と明言している。

沖縄県は「政府は普天間飛行場を県外に移設した場合、（日本本土から尖閣に飛行する）数時間の遅れが致命的な遅延となり得ると主張するが、実際のシナリオを考えれば、数時間では即応力は失われない」として、尖閣問題への対処は普天間飛行場を県内移設する理由にはならないと強調する。

２０１４年４月に東京で開かれた日米首脳会談で、オバマ米大統領（当時）は安倍晋三首相との共同記者会見で、尖閣は日米安保条約の適用範囲だと表明し、併せて日本側に「この懸案の平和的解決の重要性を強調した。事態がエスカレートし続けるのは重大な誤りだ」と伝達したことも明らかにした。

オバマ氏の〝真意〟を確かめる米メディアの記者から、「明確にしたい。中国がこれらの島に侵入すれば、米国は武力行使を検討するのか」と質問を浴びせた。

オバマ氏は気色ばみ、こう答えた。

「他国が国際法や規則を破るたびに、米国は戦争しなければならないのか――。そうじゃないだろう」

沖縄基地の虚実

朝鮮有事即応　沖縄は地理的に優位？

――九州拠点が効率的／「強襲揚陸作戦」の足かせ

日本周辺にある「潜在的紛争地」について、日本政府はこれまで朝鮮半島と台湾を挙げ、沖縄の米海兵隊はこうした事態に対応する「抑止力」であり、沖縄は駐留地として地理的優位性を有していると強調してきた。

まず北朝鮮をめぐってはミサイル問題が注目されているが、ミサイル攻撃を迎撃するのは主に陸軍や空軍だ。またミサイル攻撃に対するカウンターミサイル反撃は主に近海を航行する潜水艦などが行い、これは海軍が運用する。

では陸戦部隊である在沖米海兵隊が、朝鮮半島有事の際にどう動くのか。

かつて在沖米国総領事を務めたアロイシャス・オニール氏は退任後のインタビューで、在沖米海兵隊の有事対応について次のように述べている。

「佐世保（長崎県）の強襲揚陸艦が海兵隊員を拾った上で、例えば朝鮮有事に送る」

強襲揚陸艦は、有事への対応に際して兵士、物資、戦闘機、ヘリコプター、水陸両用車などを載せ、沿岸部から内陸への侵攻を行う、米海兵隊の主要任務である「強襲揚陸作戦」を支える重要な基盤だ。在沖米海兵隊と行動を共にする強襲揚陸艦「ボノム・リシャール」は、佐世保を母港とする。

この強襲揚陸艦を伴い在沖米海兵隊が朝鮮半島へ向かう場合、まず佐世保から沖縄県うるま市のホワイトビーチへ30～32時間をかけて南下し、牧港《まきみなと》補給地区から物資、キャンプ・ハンセンから兵員、普天間飛行場から航空機を艦上に載せ、再び朝鮮半島へと北上する。

つまり一刻を争うはずの有事に、南下と北上を繰り返す非効率な「回航問題」が生じる。

在日米軍の動向を監視している市民団体「リムピース」の篠崎正人編集委員によると、強襲揚陸艦がホワイトビーチから朝鮮半島の韓国釜山へ向かう場合、移動時間は通常だと35～40時間かかることになる。佐世保から沖縄への南下、朝鮮半島までの北上を合計すると、現地到着までに約70時間を要する。

一方、佐世保から直接に釜山へ向かえば、到達時間は8～12時間で済む。米海兵隊の駐留地について、沖縄の「地理的優位性」を主張する言説に対し、沖縄県などが「九州などの方が軍事的に効率的だ」と反論するゆえんだ。

ホワイトビーチに入港した佐世保基地所属の強襲揚陸艦ボノム・リシャール（左）とドック型揚陸艦グリーンベイ（2015年8月28日、うるま市勝連のホワイトビーチ）

そもそも在沖米海兵隊の即応部隊である第31海兵遠征部隊（31MEU）はこの強襲揚陸艦に乗り、1年の約半分は洋上で巡回展開している。その行動範囲は西太平洋、東南アジアと定められているが、最近はオーストラリア東海岸まで出向くことも増えた。

仮に朝鮮有事が発生すれば、その展開先から現地へ向かうことになり、拠点を沖縄と日本本土のどちらに置くべきか、という議論とは比べものにならない距離を日常的に移動している。

「九州などの方が近い」という地理的優位性に関する議論を受け、政府は近年、沖縄は潜在的紛争地に「近い（近過ぎない）」という説明をするようになっている。2011年、防衛省が冊子「在沖米軍・海兵隊の意義および役割」を発行したこ

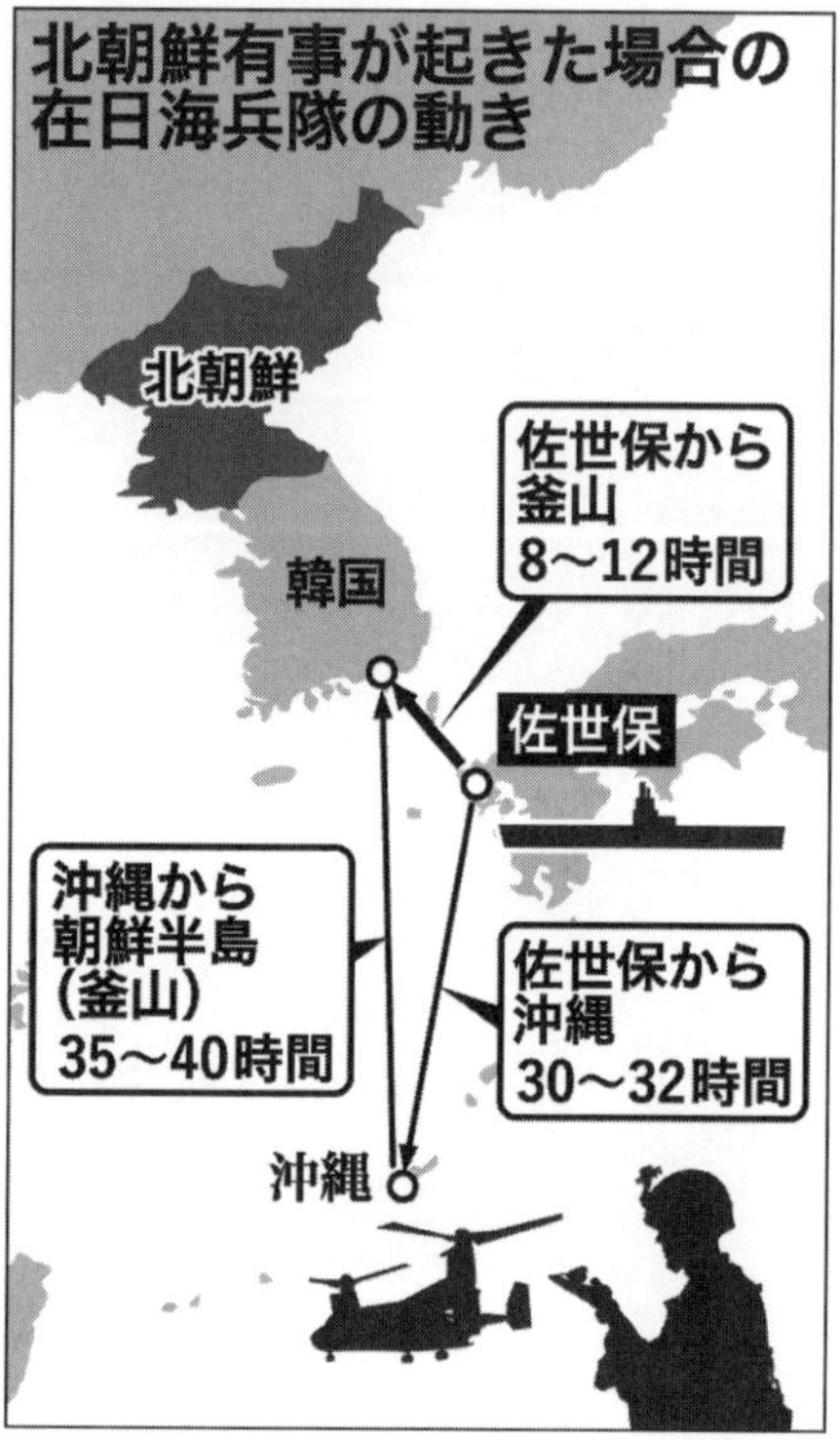

とを受け、沖縄県が質問状で、沖縄の「地理的優位性」の根拠を防衛省に質問し、寄せられた回答だ。

国は名護市辺野古の埋め立て承認取り消しをめぐる代執行訴訟でも、この見解を主張していた。

沖縄県は国が主張する「近いが近過ぎない」の概念について、具体的な距離などを示すよう求めてきたが、政府は「その時々で変わり得る」と、実質的に回答を拒否してきた。

県は「検証不能で詭弁としか言いようがない」と述べ、地理的優位性論の根拠の薄弱さを強調する。

沖縄基地の虚実

台湾有事に迅速対応できるか？
――1996年には海兵隊動かず／展開主軸は海・空軍

初となる台湾総統選を控えた1996年3月のこと、台湾独立派の象徴だった李登輝氏の優勢が伝えられると、中国は台湾近海にミサイルを発射し、台湾海峡対岸で大規模な軍事演習を実施するなど威嚇行動を始めた。

これに対し、ペリー米国防長官（当時）は3月9日、横須賀を母港とする空母インディペンデンスを台湾近海に派遣し、さらに11日にはペルシャ湾から原子力空母ニミッツを増派、周辺に空母打撃群を展開し、中国側をけん制し、一気に緊張が高まった。

中国側の台湾近海へのミサイル発射は、台湾に対する圧力であると同時に、米艦船が台湾海峡に侵入した場合、それを撃沈して排除するというメッセージでもあったとみられる。

対する米軍は空母打撃群の展開で、中国に「譲らない」メッセージを送り返したが、米空母は

中国が台湾海峡にミサイルを発射するなどして起きた中台危機を受け、現場に急派された米空母インディペンデンス。米軍は海兵隊ではなく空軍、海軍を主軸に台湾海峡危機に対応した（1996 年 3 月 19 日、台湾近海）

中国軍がミサイルを発射していた海域とは距離を置き続けた。

この時、米軍は併せて潜水艦なども派遣した。米中危機の様相も呈したこの展開は世界中のメディアで報道されたが、「即応部隊」であるはずの在沖米海兵隊を載せた強襲揚陸艦の姿は台湾近海になかった。

米軍は海軍と空軍による対応を主軸としていた。

米海兵隊の駐留場所をめぐり、朝鮮半島有事に対応する場合は沖縄よりもむしろ九州が近いと主張されるのに対して、反論としてしばしば持ち出されるのは、台湾海峡への距離だ。政府も日本の近くにある「潜在的紛争地」について、朝鮮半島と台湾海峡を挙げてきた。

米軍普天間飛行場の移設問題に関する沖縄県とのやりとりなどでも、国は沖縄と台湾の近さを引き合いに、

「緊急事態で1日、数時間の遅延は軍事作戦上致命的な遅延になり得る。県外駐留の場合、距離的近接性を生かした迅速対応ができず、対処が遅れる」と主張してきた。

だが専門家の間からは、台湾海峡有事の際に地上部隊である米海兵隊が真っ先に果たす役割は、ほとんどないと指摘されてきた。

過去に米国防総省系シンクタンク「アジア太平洋安全保障研究センター」准教授などを務め、日米関係と安全保障に詳しいジェフリー・ホーナン氏は、「台湾危機はまず海空軍の戦い。いざ戦うことになれば、それは第7艦隊（拠点・横須賀）と第5空軍（司令部・横田）だ。台湾有事と朝鮮半島有事で海兵隊がどのような役割を果たすのか疑問だ」と指摘する。

では中国軍が台湾本土に侵攻し、地上戦が繰り広げられる事態はあるのか。

軍事評論家の田岡俊次氏は、２０１５年11月に台湾総統府が行った世論調査で「現状維持」を望む人は88・５％で、「独立」を望むのは4・6％にすぎず、蔡英文総統も現状維持を公約していると指摘する。

「そもそも中国が台湾に侵攻する事態はまず起こらない」と、否定的な見方を示す。

それでも仮に中国が台湾に侵攻する場合はどうか。

田岡氏によると、現在の中国軍の輸送能力で渡海できるのは最大2個師団（2万〜3万人）程度とみる。一方、台湾陸軍は20万人、さらに戦車千両余の兵力を擁する。比較して、在沖米海兵隊の戦闘部隊である第31海兵遠征部隊は同じ地上部隊だが、兵力は台湾陸軍のおよそ１００分の1、約2千人だ。

田岡氏は「中国軍が台湾陸軍を地上戦で制圧するのは不可能だ。米軍が関与するとしても、台湾近海に航空母艦を派遣する程度で、海兵隊の出番はない」と指摘する。

■ニュース・情報提供 098-865-5158
■広告のお申し込み 0120-43-5059
■購読・配達のお問い合わせ 0120-39-5069
■本社事業案内 098-865-5256
■読者相談室 098-865-5656

琉球新報
THE RYUKYU SHIMPO
第38895号

（日刊）
2017年（平成29年）
5月2日火曜日
［旧4月7日・仏滅］

発行所 琉球新報社 ©琉球新報社2017年
〒900-8525 那覇市天久905 電話098-865-5111

海自 初の米艦防護

安保法運用始まる

一体化加速に懸念も

海上自衛隊のヘリコプター搭載型護衛艦「いずも」は1日午後、房総半島沖で米海軍の補給艦と合流し、安全保障関連法に基づき米軍の艦艇を守る「武器等防護」を実施した。自衛隊が安保関連法の新任務に当たるのは初。緊迫する北朝鮮情勢をにらみ、日米の連携強化をアピールする狙いがある。憲法違反との指摘もあった安保法施行から1年余り。自衛隊が日本海に入った原子力空母カール・ビンソンと訓練を共にし、米艦防護にも取り組むなど、加速する一体化への懸念もある。（3、7、29面に関連）

昨年3月末に施行された安保法を巡っては、南スーダン国連平和維持活動（PKO）の陸上自衛隊部隊に同11月、「駆け付け警護」が付与されたが、実行されていない。米艦防護の実施で初めて実際の運用が始まった。

いずもは海自最大の艦艇で、周辺の警戒監視などの防護活動をしながら、2日間ほど太平洋を四国沖まで航行。防護を終えた後、シンガポールの国際観艦式に参加する。

米補給艦は北朝鮮の弾道ミサイル発射に備えて日本付近に展開中の米艦船や、カール・ビンソン周辺の船に燃料補給する可能性がある。

岸田文雄外相は1日、訪問先のトルクメニスタンで「日米同盟の抑止力、対応力が強固であることを示すという意味で大変有意義だ」と述べた。

海自とカール・ビンソンは4月23日からフィリピン海で共同訓練を開始。同29日に長崎県沖の日本海に入るまで、陣形を整える動きや通信訓練を繰り返した。空自のF15戦闘機も空母艦載機と戦闘訓練を実施した。

武器等防護は自衛隊が弾薬や艦船を守る任務で、安保関連法で対象を米軍などの他国軍に拡大。平時や特定の国からの武力行使に至らないグレーゾーン事態の下で「日本の防衛に資する活動」に当たる他国軍が対象となり、主に米軍艦船の防護を想定している。武装集団などから攻撃を受けた際、自衛隊が武器使用を迫られる可能性もある。

安保関連法に基づく「武器等防護」のため、米海軍補給艦（手前）と共に航行する海上自衛隊の護衛艦「いずも」＝1日午後5時57分、伊豆諸島・神津島沖（共同通信社機から）

読谷 ラグビー合宿聖地に

代表、相次ぎ利用

芝、立地、村の歓迎◎

ラグビーの15人制、7人制の日本代表をはじめ、スーパーラグビーに参戦している日本チーム・サンウルブズなど、トップチームがここ数年、相次ぎ読谷村で合宿している。合宿誘致に力を入れる村によると、良質の天然芝や競技場と宿泊場所が近い立地、海が見渡せてリフレッシュのできる環境などが関係者に好まれているという。（24面に関連）

県出身の知念雄（右端）もメンバー入りし実施されたラグビー15人制男子日本代表沖縄合宿＝読谷村の残波岬ボールパーク

読谷村は2019年のラグビーワールドカップ（W杯）日本大会の公認キャンプに県内で唯一、名乗りを挙げており、新たなラグビー合宿の〝聖地〟としてさらなる盛り上がりに期待している。

4月半ばに男子15人制日本代表が強化合宿した残波岬ボールパークを使用するチームや大会は2013年度以降、2、3、4、8回と年々増加している。2月、日本ラグビーフットボール協会が女子7人制の国際大会「沖縄セブンズ2017」を初開催。リオデジャネイロ五輪金メダルのオーストラリアなど海外招待4チームと日本代表2チームが参加し、世界トップ級の白熱したプレーで観客を沸かせた。4月半ばには男子15人の日本代表がアジアチャンピオンシップ2017を前に強化合宿した。

読谷村は昨年末、W杯のキャンプ地として名乗りを挙げた。全国37都道府県の90自治体から76件の応募があり、夏にも候補地を選定し、出場するチームの要望を受けた後に正式決定する見通しだ。

合宿する各チーム関係者からは「村のホスピタリティーの姿勢」を評価する声も上がる。合宿の最後にはバーベキューをしたり、村内の観光スポットを紹介したりして交流を深めていることが高く評価されている。ラグビー各種合宿の需要の高まりに、石嶺伝実村長は「合宿地としてどんどんバージョンアップしていきたい」と

■ニュース・情報提供
098-865-5158
■広告のお申し込み
0120-43-5059
■購読・配達の問い合わせ
0120-39-5069
■本社事業案内
098-865-5256
■読者相談室
098-865-5656

琉球新報

THE RYUKYU SHIMPO 第38903号

（日刊）
2017年（平成29年）
5月11日木曜日
［旧4月16日・先勝］

発行所 琉球新報社 ©琉球新報社2017年
〒900-8525 那覇市天久905 電話098-865-5111

嘉手納で夜間降下

抗議無視 また強行

米軍、自治体通知せず

【中部】米軍は10日午後7時半から約1時間、米軍嘉手納基地で、県や周辺自治体が中止を求めていたパラシュート降下訓練を実施した。嘉手納基地で夜間にパラシュート降下訓練が確認されるのは初めてとみられる。日米両政府は1996年のSACO合意で、同訓練は伊江島補助飛行場で行うことを決めている。県は同日午後、米軍によるパラシュート降下訓練実施の知らせを受け、外務省沖縄事務所、沖縄防衛局に訓練を実施しないよう口頭で要請した。米軍は4月24日にも2011年以来となる同訓練を行っており、県や周辺自治体が抗議していた。再度の訓練強行に、県内で反発が強まるのは必至だ。

（3、27面に関連）

次々と基地内へ降下する兵士＝10日午後7時40分ごろ、米軍嘉手納基地（又吉康秀撮影）

パラシュート降下訓練は15分ごとに3回、数人ずつで実施。計15人前後の兵員が暗闇の中、高度約2千㍍上空の嘉手納基地所属のMC130特殊作戦機から次々と飛び降り、パラシュートを開いて基地内の滑走路の間の緑地帯に着地した。物資の投下はなかった。中には1～2人の兵員が風に流されて降下位置より南西側に降りる様子も確認された。

嘉手納町、沖縄市、北谷町でつくる「嘉手納飛行場に関する三市町連絡協議会」（三連協）の當山宏嘉手納町長は抗議した直後の訓練に「抗議を無視している」と批判した。周辺自治体には米軍から訓練実施の通知はなく、沖縄防衛局を通じて10日午後に連絡を受けた。

嘉手納基地の第18航空団は取材に対し「再び訓練をしたのは、伊江島での訓練不足のためで、日本政府と調整の上で実施した。運用の安全のため、訓練内容は言えない」と回答した。実施した部隊については明かさなかった。一方、沖縄防衛局は「訓練について日本政府は米軍と調整していない。訓練の中止を求めていた」と米側の回答を否定した。

県基地対策課の金城典和課長は10日の口頭要請で、4月24日の降下訓練に対して抗議をしたばかりであることに触れ「県、県議会、地元自治体による中止要請抗議を無視する形での実施であり、誠に遺憾だ」と述べた。県は今後、米軍への抗議も検討する。

県議会は12日に在日米軍沖縄調整事務所などを訪れ、4月の降下訓練に対し抗議する予定だが、10日の訓練に対する抗議の意思も併せて伝える見通し。

今回の訓練はSACO合意後8回目。

三大大会V 優作が意欲

きょう日本プロ開幕

男子プロゴルフの国内三大大会初戦となる第85回日本プロ選手権大会日清カップヌードル杯が11日、名護市のかねひで喜瀬カントリークラブ（7217ヤード、パー72）で開幕する。県内での「国内メジャー大会」開催は10年ぶり2度目。初の三大大会制覇を狙う宮里優作（36）は兄の聖志（40）と共に、喜瀬CCで10日に開か

日本プロ日清カップの大会本番へガッツポーズを見せる宮里聖志（左）と宮里優作＝10日、名護市のかねひで喜瀬カントリークラブ

2月2日第3種郵便物認可）

いもと小児科
池黒サンエー食品館うら
診療時間：月～土 午前9時～午後6時
※木曜日は午前中のみ
☎098（938）6112

■ニュース・情報提供 098-865-5158
■広告のお申し込み 0120-43-5059
■購読・配達の問い合わせ 0120-39-5069
■本社事業案内 098-865-5256
■読者相談室 098-865-5656

琉球新報
THE RYUKYU SHIMPO
第38936号
（日刊）
2017年（平成29年）
6月13日火曜日
［旧5月19日・大安］
発行所 琉球新報社 ©琉球新報社2017年
〒900-8525 那覇市天久905 電話098-865-511

大田昌秀氏 死去

元知事 全国に基地問う

92歳 代理署名拒否、平和の礎

鉄血勤皇隊として苛烈な沖縄戦を体験し、県知事や参院議員などを歴任して基地問題の解決や平和行政の推進、県経済の発展に取り組んだ大田昌秀（おおた・まさひで）氏が12日午前11時50分、呼吸不全・肺炎のため那覇市内の病院で死去した。92歳。久米島町出身。告別式は15日午後2時から3時、浦添市伊奈武瀬1の7の1、いなんせ会館で行われる。喪主は妻・啓子（けいこ）さん。

2、3、5、28、29面に関連、6、7面に特集

沖縄戦研究、参院議員も

大田氏は今年に入り体調を崩し、春から入退院を繰り返していた。仮通夜が営まれた、いなんせ会館には翁長雄志知事や知人らが訪れ、故人を悼んだ。

大田氏は1925年生まれ。45年、県師範学校在学中に鉄血勤皇隊に動員され、九死に一生を得た。早稲田大学を卒業後、米国に留学。68年に琉球大教授に就任した。90年に革新統一候補として県知事選に出馬し、現職だった故・西銘順治氏を破り、12年ぶりに県政を革新に奪還した。日本復帰後の第4代県知事となり、2期8年を務めた。

県政の最大課題であった基地問題を巡っては、95年に起きた米兵による少女乱暴事件を契機に米軍普天間飛行場の返還などを求め、日米両政府から普天間全面返還の合意を引き出した。地主が契約を拒んだ軍用地について、地主に代わって土地調書に署名押印する代理署名を拒否し、国に提訴された。歴代知事で最多の7回訪米し、沖縄の過重な基地負担を訴え、基地の整理縮小などを直接求めた。

95年に沖縄戦で犠牲になった全ての人の名を刻銘する平和の礎や県公文書館を建設した。96年には、基地のない沖縄の将来像を描き、沖縄の自立的発展を目指した「国際都市形成構想」を策定した。さらに、段階的に米軍基地を全面返還させるとした「基地返還アクションプログラム」をまとめ、国に提案した。

98年の知事選で稲嶺恵一氏に敗れたが、2001年

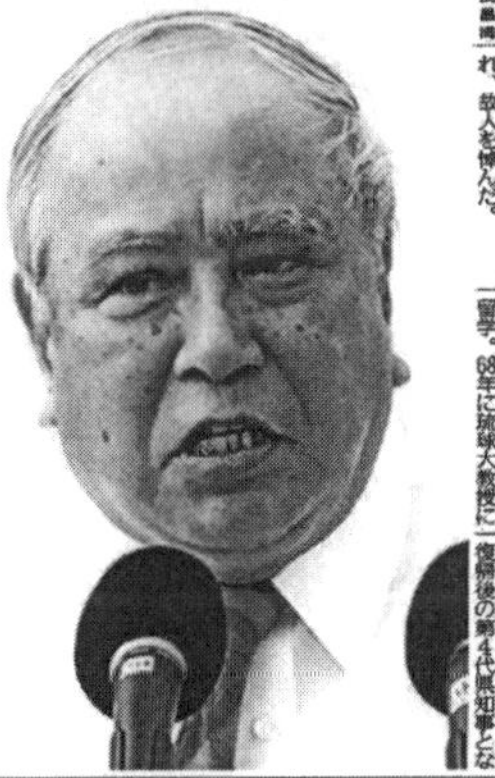

少女乱暴事件に抗議する10・21県民総決起大会であいさつする大田昌秀知事＝1995年10月21日、宜野湾市海浜公園

知事、県民葬検討へ

大田昌秀元知事の訃報に接し「大変[illegible]いと思います。心からお悔やみ申し上げます」と肩を落とす翁長雄志知事＝12日午後、那覇市の県庁

大田昌秀元知事の死去を受け翁長雄志知事は12日夕、県庁で会見し「これからも沖縄戦の実相を後世に伝え、平和創造のために中心になって活躍いただけると思っていたが、かなわぬこととなり残念だ」と哀悼の意を表した。大田氏の政治姿勢については「日本の安全保障は国民全体で考えてほしいというのは、大田元知事と流れるものは一つだ」と話し、保守革新の立場を超えて沖縄の要求は同じだと強調した。

県民葬については「みんなに惜しまれて見送られる形をつくっていけるよう相談してやっていきたい」と話し、遺族らと相談した上で前向きに検討する考えを示した。

過去には、知事を務めた屋良朝苗氏と西銘順治氏の県民葬が行われている。

嘉手納基地で あす降下訓練

町、即時中止を要請

【嘉手納】米軍が嘉手納基地で14日にパラシュート降下訓練を計画していることが12日、分かった。14日に伊江島補助飛行場で予定しているパラシュート降下訓練が「気象、海象の状況により実施できない可能性がある」として「嘉手納飛行場で実施しなければならなくなった」と沖縄防衛局に12日、伝えた。同訓練は1996年のSACO合意で、伊江島補助飛行場での実施が決められている。だが、米軍は4、5月の2カ月連続で、嘉手納基地で訓練を強行し、中止を求めている地元は反発している。

米軍は防衛局に訓練を実施する部隊の降下技術や即応体制を維持するため「訓練日程を変更できず、嘉手納飛行場で訓練を実施する必要がある」と説明した。

一方、米軍は嘉手納町に対しては訓練の詳細な内容を明かさないまま「伊江島で訓練ができなかった場合、嘉手納飛行場で訓練する可能性がある」と通知。町は訓練中止を要請した。

日本政府は5月、米軍の降下訓練を巡り「例外的な場合に限って」嘉手納基地での実施を容認する閣議決定をした。

防衛局は14日の降下訓練について「例外的な場合に該当するとの判断には至っていない」とした。3カ月連続の訓練には「大変遺憾である」と述べた。日米間で訓練の在り方について議論を進めている中での訓練の強行実施に「（議論している間は）嘉手納飛行場でのパラシュート降下訓練を控えるよう、引き続き米側に申し入れる」と話した。

速報

琉球新報

THE RYUKYU SHIMPO

2017年（平成29年）
6月23日（金）
発行所 琉球新報社
郵便番号 〒900－8525
那覇市天久905番地
©琉球新報社2017年

島包む祈り

世界平和 誓う

沖縄全戦没者追悼式

沖縄戦72年

正午の時報に合わせて黙とうする沖縄全戦没者追悼式の参列者＝23日、糸満市摩文仁の平和祈念公園

沖縄は23日、沖縄戦の組織的戦闘の終結から72年となる「慰霊の日」を迎えた。沖縄戦で犠牲になった20万人余のみ霊を慰め、世界の恒久平和を誓う「沖縄全戦没者追悼式」（県、県議会主催）が23日午前11時50分から、最後の激戦地となった糸満市摩文仁の平和祈念公園で開催された。

平和祈念公園には早朝から多くの遺族らが訪れ、2017年度に新たに追加刻銘された54人を含む24万1468人の名前が刻まれた「平和の礎」に手を合わせた。県内各地で慰霊祭が開かれ、沖縄は鎮魂の祈りに包まれている。

追悼式には安倍晋三首相をはじめ、関係4閣僚、衆参両院議長らが参列した。参列者らは正午の時報に合わせて黙とうした。

追悼式で翁長雄志知事は平和宣言を読み上げ、米軍専用施設面積の70％が集中する不条理な現実を訴え、日米地位協定の抜本的な見直しや米軍基地整理縮小による過重な基地負担軽減を求めた。12日に他界した大田昌秀元知事が平和の礎を建立したことに触れ、平和の尊さを次世代に受け継ぐ決意を語った。

平和宣言の後、県立宮古高校3年の上原愛音さん（17）が平和の詩「誓い～私達のおばあに寄せて」を朗読した。県遺族会が主催する平和祈願慰霊大行進は午前9時に糸満市役所を出発し、追悼式に合流した。

❹

知っていますか？
沖縄基地のこんな話

沖縄基地の虚実

辺野古新基地が出来ないと軍事的空白が生じる？

――嘉手納に絶大な力／「全米軍が撤退」とすり替え

「力の空白をつくらないことが大事だ」「米軍基地は日本の抑止力としてのプレゼンス（存在）を維持する点で必要だ」

2015年5月、米軍普天間飛行場の地元への受け入れを拒否する稲嶺進名護市長と初会談した中谷元・防衛相（当時）は、会談後に記者団にこう述べ、辺野古移設の必要性を強調した。

しかし沖縄県や名護市、多くの県民が求めているのは、在沖米軍や在日米軍全体の即時撤退ではない。普天間飛行場の県内移設の見直しを求めている。普天間問題に絡み、「沖縄から米軍が撤退すれば中国が攻めてくる」といった言説も散見され、移設問題が印象論で議論されていることは否めない。

普天間の県内移設をめぐっては、しばしば「中国脅威論」が引き合いに出される。だがミサイル能力や海軍力の強化に力点を置く中国軍を念頭に置けば、地上部隊と連携するヘリコプターの基地である普天間飛行場ではなく、嘉手納などに拠点を置く空軍力や、横須賀などに拠点を置く海軍力が、圧倒的に「抑止」の機能を有している。

仮に普天間を閉鎖しても、沖縄に軍事力の「空白」が生まれることにはならない。

インターネット上でも、フィリピンから1992年に米軍が撤退し、その後フィリピンが中国との間に南シナ海のスカボロー礁の領有権をめぐる紛争を抱えたことを引き合いに、「沖縄の米軍基地が必要」だとする主張が見られる。

だが92年のフィリピン撤退の事例は、クラーク空軍基地とスービック海軍基地の2大拠点の閉鎖をはじめ、すべての米軍が撤退したことをさす。

ヘリ基地である普天間飛行場の移設問題を、フィリピンの米軍撤退と単純比較しての議論は合理的とはいえない。沖縄県などは普天間飛行場を日本本土に移設することも選択肢として主張しており、その場合、米海兵隊のヘリ部隊が日本から撤退することにはならず、その点でもフィリピンの事例とは異なる。

では普天間を差し引いた場合、沖縄の基地負担はどれほど残るのだろうか。

沖縄国際大学の佐藤学教授（政治学）の調べによると、嘉手納基地と隣接する嘉手納弾薬庫を

極東最大の空軍基地の嘉手納飛行場と隣接する嘉手納弾薬庫。面積では日本本土の主要６米軍基地の合計の1.2倍で、米政府元高官らは嘉手納基地がない場合、空母打撃群の展開に年間３兆円もの費用がかかると見積もっている（2014年７月）

合わせた面積だけで横田、厚木、三沢、横須賀、佐世保、岩国の県外主要米軍6基地を合計した面積の1・2倍に相当する。

佐藤氏は「普天間を閉鎖しても、沖縄はなお応分以上の負担をしている。沖縄の負担軽減要求は全く正当なものだ」と指摘する。

機能面はどうか。オバマ米政権で国務副長官を務めたジェームズ・スタインバーグ氏と米有力シンクタンク「ブルッキングズ研究所」のマイケル・オハンロン上級研究員が２０１４年に発表した共著『21世紀の米中関係』で、資産価値の高い米国外の基地に触れ、その代表例として「沖縄の嘉手納基地」に言及している。

論文では仮に太平洋地域で嘉手納基地の機能がなければ、米軍はその代わりに4～5の空母打撃群を展開しなければならないとした。さらにその費用は、「年間250億ドル（約3兆円）か、それ以上」と評価した。

嘉手納基地があるだけで、年間3兆円もの費用に相当するほどの安全保障を、沖縄が負担していることになる。

佐藤氏は「沖縄県内ですら、米軍のどの軍種にどのような役割と機能があるかがあまり理解されていない。ましてや県外では『米軍』とひとくくりにされ、ひどい時には嘉手納基地の存在すら知らない人も多い」と指摘する。

そして「それに乗じて沖縄に基地負担を押しとどめたい人たちが、あえて『米軍撤退』という表現を用い、普天間問題の本質を隠している場面もある」と述べ、沖縄側からの効果的な情報発信が必要だと強調する。

沖縄基地の虚実

普天間の住民は危険に接近したのか?

——古里奪われ周辺居住/爆音訴訟判決でも否定

戦後、収容所から解放された宜野湾村の住民が目の当たりにしたの、は米軍の飛行場となった故郷の姿だった。村内にあった国指定天然記念物の3千本もの松並木は切り倒され、沖縄県内最大級の馬場も消えた。中部地区の農作物や海産物が集まり、にぎわいを見せていた中心街の面影はうせた。

当時の様子を字宜野湾郷友会誌「ぎのわん」では次のように振り返る。

「われわれの故郷は見る影もなく破壊されつくされていた」

戦後、米軍は旧宜野湾村の大部分を軍用地区に指定し、住民の居住を制限した。故郷に帰れず、現在の宜野湾区に住むようになった住民は、米軍施設の活動に支障を与えない程度で許されていた耕作を始めた。

しかし、1952年に米軍は飛行場再使用の通達を出し、軍用地内の墓の撤去を強行した。その後、飛行場全域をフェンスで囲った。米軍施設の拡張・強化も進められ、わずかに残っていた村の面影も姿を消した。

戦前の字宜野湾の集落の様子（宜野湾郷友会作成「戦前集落イメージムービー」より

字宜野湾郷友会は2016年3月末、戦前の宜野湾村の様子を知ることができるイメージムービーを作成した。

インターネット上で「普天間飛行場は何もないところにできた」「住民は自ら危険な基地に接近した」という言説があることを危惧したからだ。映像では普天間飛行場内に集落があったことが確認できる。

郷友会の宮城政一会長は、「収容されているときに米軍に古里を奪われ、帰ることができないから仕方なく近くに住んだ。古里がなかったことにされるのは怒り心頭だ」と語る。

宮城さんの祖父の家は、現在の滑走路近くにあった。イメージムービーのお披露目会に出席した郷友会会

普天間爆音訴訟控訴審で、深夜早朝の飛行差し止めを認めない判決が出たことに抗議する原告団ら。司法は米軍機の離着陸を日本側が制限する権限はないとの見解を繰り返している（2010年7月29日、那覇市那覇地裁前）

員の玉那覇祐正さん（83歳）は生まれも育ちも宜野湾だ。村の情景を今でも思い出すことができ、道端に咲いていた花を懐かしむ。

『何もなかった』というのは政治的なものなのか。うそも100回言えば本当になると思っているのではないか」といぶかしがる。

普天間爆音訴訟(注)では、国側が「普天間の住民は自ら基地の危険に接近した」と主張した。しかし、2010年の同訴訟二審判決で福岡高裁那覇支部は、「本島中部地域では騒音の影響を受けない地域は限られている。住民は地縁などの理由でやむを得ず周辺に転居したもので非難されるべき事情は認められない」と、「危険への接近論」を否定している。

沖縄国際大学の佐藤学教授（政治学）は、「沖縄の歴史を知らない人が増えているから、こうした言説が浸透するのだろう。歴史修正は記憶が途絶えたときに起きる。戦後、宜野湾は都市化し、人口が増加した。民間地である基地周辺に住まないように法規制することも不可能だ。土地を奪って造った飛行場の成り立ち自体がおかしい」と批判した。

注　**普天間爆音訴訟**：米軍機の騒音被害などに悩む米軍普天間飛行場周辺の住民404人が2002年10月、日本政府と同基地のリチャード・ルーキング司令官（当時）を相手に、米軍機の夜間飛行差し止めや総額6億3千万円余の賠償金を求めて提訴。全国の爆音訴訟で初めて基地司令官を被告とした。司令官側は1度も出廷せず、那覇地裁沖縄支部は04年9月、前司令官に対する請求を棄却した。その後、国に対しては騒音の違法性を認め、損害賠償の支払いを命じた。続く第2次普天間爆音訴訟でも、那覇地裁沖縄支部は16年11月の判決で賠償水準こそ引き上げたが、従来の爆音訴訟と同様に飛行差し止めは認めなかった。

沖縄基地の虚実

キャンプ・シュワブ、地元が誘致した？

——米軍計画に反対決議／強硬姿勢に窮し再考

1950年代後半に基地建設が行われた名護市辺野古の米軍キャンプ・シュワブを巡り、当時の地元自治体・久志《くし》村が「自ら誘致した」とする言説がインターネット上などで見られる。実際は、どのような経過をたどったのだろうか。

1998年に辺野古区が発行した「辺野古誌」によると、1955年1月、米軍は久志村に対し、「久志岳・辺野古岳一帯の山林野を銃器演習に使用したい」と伝えた。

これに地元住民らは敏感に反応した。「米軍側の一方的な使用通告に驚いた村では、臨時議会を招集して山依存の高い住民の生活権を守る反対決議」をした。

当時の地域住民が抱いた不安に関して、辺野古誌は「古くから山を生活の糧にしてきた住民もふってわいたような軍用地接収に騒然」「日々の暮らしにも窮するのでは」などと記録している。

1955,56 年当時に現在の米軍キャンプ・シュワブにつながら米軍演習地の接収を巡り、当時の琉球新報が掲載した記事の複写

しかし、米側は水面下で地元との交渉を進め、１９５６年12月28日、久志村長と米側は土地使用契約を締結した。

辺野古誌は、次のように記している。

「地主側代表の一人も、軍用地接収にあたって当初、地料や条件が悪く反対したが、地元に於いては強制的なものではなく協力的立場で契約した」「契約にあたっても地元が有利に展開したといわれ、シマの経済転換の進展になると喜んだ」

ここでは地元が軍用地接収に伴う補償を求めたことを説明する。

しかし、水面下の交渉で米側が強権的に推し進めた内実も辺野古誌は明かしている。

「民政府は交渉の中で、当初軍用地反対を続けている字に対して、これ以上反対を続行するならば、部落地域も接収地に線引きして強制立ち退き行使も辞さず、一切の補償も拒否するなどと強硬に勧告してきたことから住民も一様に驚き、有志会では急変した事態に」「再考せねばならなかった」

米軍の脅しで地元が追い込まれた状況が浮かび上がる。

米側の勧告を受け、辺野古区側では、宜野湾の伊佐浜で住民が強制的に立ち退かされた〝苦い事例〟も念頭に議論が進んだ。圧倒的権力をかざして軍用地接収を進める米側に対し、条件付きで容認せざるを得なくなった状況がうかがえる。

辺野古誌では、「全地主が賛成したわけでもなく、先祖代々の土地を守るのに四原則（①米軍用地地料一括支払い反対、②土地の適正補償、③米軍が加えた損害の適正賠償の支払い、④新たな土地の収用反対）を支持して軍用地反対に契約を保留する地主もいた」とも述べている。

沖縄の戦後史に詳しい鳥山淳沖縄国際大教授（現代沖縄政治社会研究）はキャンプ・シュワブ建設の経過に関し、「米軍の計画もなく地元から動き始めたものではない。当時、住民の意見を踏まえて米軍が撤回するような関係ではない。支配関係に関する認識が欠落すると、住民が望んでそうしたとすり替えられてしまう」との見方を示す。

さらに鳥山教授は、「これらもちゃんと見た上で『誘致』と表現した方がいいのか一人ひとりが考えないといけない」と述べ、時代背景や経過を踏まえ認識を深める必要性を指摘した。

沖縄基地の虚実

沖縄基地は強化されているのでは？・①

――伊江島補助飛行場／辺野古、高江と一体で騒音増

白い矢印マークが少なくとも九つは確認できる。ある印は西を向き、別のは南を向く。白矢印だけでなく、隣には規則正しく等間隔で黄色い斜線がひかれている。「エ」と読めるマークも見える。さながら現代の地上絵だろうか。

ここは伊江村の米軍伊江島補助飛行場内に整備された訓練場。「エ」と見えたのは「H」で、ヘリコプター着陸帯（ヘリパッド）の位置を示す印だ。米軍が作成した米海兵隊輸送機MV22オスプレイ運用の環境レビュー（審査書）によると、オスプレイ向け着陸帯が伊江島にも設定されている。

グーグルアースで見ると、少なくとも２０１１年10月時点では模擬甲板の北側4カ所の「H」は存在せず、２０１４年1月にはすでに整備されている。オスプレイは２０１２年10月に、沖縄

米軍伊江島補助飛行場内のＬＨＤデッキ（下）とヘリパッド（2015年1月4日）

県民の反対を押し切り強行配備された。

一方で白い矢印が点在するのは、揚陸艦を模した模擬甲板だ。米軍基地の図面などにも詳しい建築家の真喜志好一さんによると、米海兵隊の足となる強襲揚陸艦「ボノムリシャール」の甲板とちょうど同じ長さだという。

米海兵隊はハリアーと入れ替えて配備予定の米最新鋭ステルス戦闘機Ｆ35Ｂの訓練も伊江島で予定し、使用に耐えられるよう拡張工事も地元の反対をよそに始まっている。

なぜ伊江島で揚陸艦上の離着陸訓練やヘリパッドの施設が整備されるのか。そこには、揚陸艦自体が沖縄に常駐していない現状が背景にある。

揚陸艦は長崎県の佐世保基地所属で、米海兵隊の部隊が出動する際には揚陸艦がいったん沖縄に立ち寄り、兵員や機材を載せて改めて出港しなければならない。実際の艦上で訓練したくてもできない部隊配置となっている。

伊江島だけをみてもオスプレイ配備以降、騒音発生回数が増えている。だがオスプレイは伊江島だけで訓練しているわけではない。

配備基地の普天間飛行場はもちろん、東村高江周辺に新たなヘリパッドが建設される北部訓練場、辺野古新基地が新たな拠点として位置付けられている。

伊江島―高江―辺野古と、やんばるに点在する米軍基地のそれぞれの機能強化は、単独ではなく、オスプレイを軸につながっている。

「土地の返還」が強調される日米特別行動委員会（ＳＡＣＯ）最終報告だが、「オスプレイの訓練場の新設」の側面が内在していることがよく分かる。

沖縄基地の虚実

沖縄基地は強化されているのでは？②

――北部訓練場の強制接収／「普天間」の歴史と共通

「米軍による強制的な接収が行われたという話があることも聞いている。地元では銃剣とブルドーザーと言われるような接収が行われたという話もあり、１９５７年に北部海兵隊訓練場として開始されたものと承知している」

２０１６年11月25日の衆院安全保障委員会で、赤嶺政賢氏の質問に答えた稲田朋美防衛相は米軍北部訓練場の成立過程についてこう説明した。

１９５７年。日本復帰前の沖縄は、米軍基地を巡って大きなうねりの中にあった。北部訓練場の接収に先立つ１９５６年６月、米下院軍事委員会特別分科委員会（メルヴィン・プライス委員長）が、沖縄の米軍用地問題についての調査報告書で、土地代の一括払いや新規接収の必要性を指摘する勧告、いわゆるプライス勧告を出した。

米軍北部訓練場でマスコミ向けに公開された訓練。海兵隊は、ジャングル環境を生かした訓練ができると重要性を強調していた（2005 年 6 月、東村高江）

沖縄住民はこれに大きく反発、１９５６年７月には戦後最大規模となる県民大会が、那覇市内で開かれた。

米軍内では、朝鮮半島の海兵隊の撤退に合わせて、沖縄への移駐が計画された。沖縄内の新規接収計画で要求する総面積は１万６千ヘクタールで、そのうち最も大きなものが北部の訓練場で約１万ヘクタールだった。

北部訓練場の接収予告を受けた地元は一斉に反発した。

国頭村議会と東村議会は、そろって米民政府など宛ての陳情書を決議した。

「生活を山稼ぎで支え、山を取られたら生活の根拠を失う。年間２８９０万円の林産物を出し、山に生きる住民の気持ちをくんで寛

大な処置を」（国頭村議会）

「山林収入で生活の70％以上を占めている本村民にとって不安と一大脅威を与えている。農耕地に恵まれず美林によってこそ生活できる同地域の接収は地域住民にとって農耕地を接収されたと同様の脅威を与える」（東村議会）と、影響の大きさを訴え接収中止を求めた。

だが地元の叫びは聞き入れられず、北部訓練場は造られていった。

「（県民の）魂の飢餓感が原点だ」――翁長雄志知事が米海兵隊普天間飛行場の移設問題を巡って、安倍政権に繰り返し主張してきた言葉だ。その背景について翁長知事は、サンフランシスコ講和条約で沖縄が日本から切り離されたこと、そして米軍による土地の強制接収の歴史を挙げてきた。

しかし強制接収されたのは、普天間飛行場だけではない。北部訓練場も、村民が反対しているにもかかわらず米軍が接収していった歴史は共通している。

沖縄基地の虚実

沖縄基地は強化されているのでは？③

——那覇軍港／復帰直後に返還合意

那覇市の玄関口で広大な土地を占めるのが、米陸軍管理の那覇軍港だ。普段は何もなく、約56ヘクタールに及ぶコンクリートが広がる。だが産業まつりなど近くの奥武山公園でイベントがあれば、日本側が共同使用して来場者用の駐車場として開放され、車両がびっしり埋め尽くす。那覇まつりで使うギネス認定の巨大な那覇大綱挽用の綱もここで作られている。

沖縄県内では、米軍ホワイトビーチに次ぐ軍港。米海軍の音響観測艦や高速輸送艦、大型車両運搬船が寄港し積み卸しする姿が時折見られるが、普段は海上保安庁の巡視船が場所を借りて止まっている。

日米特別行動委員会（ＳＡＣＯ）最終報告のうちの一つだが、これも「県内移設」の条件付きで、浦添沖を埋め立てて機能を移転した後に返還とされている。

復帰後から何度も返還対象にあがりながら、進展していない那覇軍港（2014年１月撮影）

だが那覇軍港は１９９６年のＳＡＣＯで初めて返還合意されたわけではない。

さかのぼれば日本復帰直後の１９７４年に、日米安全保障協議委員会（安保協）の第15回会合で、移設条件付きの全部返還が合意された。

安保協は、日本側は外相と防衛庁長官（当時）、米側は駐日大使と太平洋軍司令官で構成され、日本全体の施設・区域の統合、返還を協議する。米軍基地返還計画を協議し、延べ63施設４６７２ヘクタールの返還合意をしたが、施設の移設を条件とする案件も少なくなく、計画通りには進まなかった。中でも全面返還が合意された最大級の米軍伊江島補助飛行場（８０２ヘクタール）も、未解決施設の一つだ。

那覇軍港も合意から43年が経過したが、返還は実現していない。進まぬ返還に大田昌秀知事（当時）は１９９４年の訪米で、沖縄戦終結50年の１９９５年までに、①県道１０４号越え実弾砲撃演習の中止、②那覇軍港返還、③読谷補助飛行場でのパラシュート降下訓練の廃止・施設返還、の「重要３事案」を求めた。

この後、少女乱暴事件を受けてつくられたＳＡＣＯ合意で、改めて返還事案として盛り込まれた。ＳＡＣＯでも、浦添への機能移転という「県内移設」が足かせとなって進んでいない。

那覇港の一部を形成し、那覇空港にも隣接する優良地であり、経済界からは早期活用が期待されている。沖縄県経営者協会は、陸上自衛隊那覇駐屯地とあわせて軍港も返還した上で、物流拠点化を求める要請書をまとめている。

沖縄県の沖縄21世紀ビジョン基本計画の中間評価でも、今後の課題で軍港の活用が明記されている。

沖縄基地の虚実

沖縄基地は強化されているのでは？④

――パラシュート降下訓練／沖縄と日米、認識の溝

「ついに犠牲者出る」「また降ったトレーラー」「少女つぶされ死ぬ」――米軍によるパラシュート投下訓練で、トレーラーが米軍読谷補助飛行場をそれて民家近くに落下し、下敷きになった小学5年の少女が亡くなった。１９６５年6月12日付の琉球新報は、朝刊一面トップで落下したトレーラー事故を写真付きで報じた。

読谷補助飛行場はもともと日本軍が沖縄北飛行場として整備した。沖縄戦で上陸した米軍が占拠、さらに拡張した。米軍訓練による被害は幾度も続いてきた。１９５０年にも燃料タンクが落下し女児（3歳）が死亡した。

ほかにも米軍貨物や米兵が落下し民家の損壊も相次いだ。そのたびに地元では村民決起大会が開かれ、訓練の中止と基地の撤去を求めてきた。

嘉手納基地所属のMC130特殊作戦機から脱出後、嘉手納基地に向けパラシュートで降下する米兵（2017年4月、嘉手納町役場屋上から）

基地の整理縮小を求める沖縄県は１９９４年、地元の要望などを踏まえて中でも強く解決を求める「重要三事案」として、「那覇軍港の返還」と「県道１０４号越え実弾砲撃訓練の廃止」「読谷補助飛行場の返還とパラシュート降下訓練の廃止」を米政府に直接求めた。これら三事案はすべて日米特別行動委員会（ＳＡＣＯ）最終報告に盛り込まれた。降下訓練は伊江島補助飛行場への移転が合意された。

２０１５年8月、うるま市の津堅島沖。米空軍嘉手納基地から飛び立ったＭＣ１３０特殊作戦機が上空を旋回していた。五つのパラシュートが放たれ、水しぶきを上げ、次々に海面に着水した。降下訓練実施に地元自治体や漁協への事前通知はなかった。ＳＡＣＯ合意で降下訓練は伊江島に移転されたはずではなかったか。

県など沖縄側はＳＡＣＯ合意を根拠に、降下訓練は陸域も海域もすべて伊江島で実施すべきだとして、合意後も繰り返される津堅島沖や名護市沖、嘉手納基地内での降下訓練の中止を求めている。

だが政府側は、ＳＡＣＯ合意の伊江島への移転は「あくまで陸域での降下訓練に限ったもの」との見解を繰り返す。沖縄と政府の認識はずれたまま、今日もその溝は埋まっていない。

２０１６年12月6日、宜野座村城原区の民家周辺の上空で、米海兵隊輸送機ＭＶ22オスプレイが、物資をつり下げ訓練する様子が確認された。地元から「落下したら命を落としかねない」と、中止を求める声が上がった。民間地上空でのつり下げ訓練への拒否感は、戦後続いてきた降下訓練に伴う落下事故の記憶と通底する。

だが米軍は施設内の飛行だったと訓練をやめるそぶりはない。そこにも認識の溝が歴然と存在する。

沖縄基地の虚実　在日米軍基地面積　沖縄は23％？①

――県外主要基地含め74％／誤った情報、ネットで拡散

「『沖縄の在日米軍全体の施設面積の約74％が集中』、これは毎日（新聞）朝刊の社説の一節だ。よく言われるがこれは事実ではない。74％は米軍専用施設の割合であって、その分母に岩国や三沢、佐世保、横田、岩国、横須賀等の自衛隊との共有米軍施設は入っていない。共用施設を入れると在沖米軍施設は約23％」

2013年2月、現職の防衛政務官（防衛省の政務三役）だった佐藤正久参院議員は、自身のツイッターでこう発信した。

だがこの発信内容は、佐藤氏自身が政務官を務めていた防衛省の公式見解からも外れる誤った認識だ。

その後、佐藤氏の事務所は、この発信について琉球新報社に「誤解を与えうる可能性のある発言だった」とした上で、「趣旨としては、沖縄だけが基地を負担しているわけではないと言いたかっ

都道府県別の
在日米軍専用施設面積の割合
（2016年1月1日現在、防衛省統計より）

都道府県	面積	全体面積に占める割合
合計	303,765千㎡	100.00%
北海道	4,274千㎡	1.41%
青森県	23,743千㎡	7.82%
埼玉県	2,033千㎡	0.67%
千葉県	2,095千㎡	0.69%
東京都	13,207千㎡	4.35%
神奈川県	14,798千㎡	4.87%
静岡県	1,205千㎡	0.40%
京都府	35千㎡	0.01%
広島県	3,539千㎡	1.16%
山口県	7,914千㎡	2.61%
福岡県	24千㎡	0.01%
佐賀県	13千㎡	0.00%
長崎県	4,691千㎡	1.54%
沖縄県	226,194千㎡	74.46%

た」と釈明した。

何が「誤解を与えうる」表現だったのだろうか。


防衛省によると、佐藤氏が言及した沖縄県外にある主要な米軍基地である岩国（山口県）、三沢（青森県）、佐世保（長崎県）、横田（東京都）、横須賀（神奈川県）などは、いずれも日米地位協定に基づく「米軍専用施設」と位置付けられている。

つまり沖縄にある在日米軍専用施設面積は「全国の74％」という数字を算出する際の「分母」（佐藤氏）から、佐藤氏が挙げた県外の主要米軍基地が除かれている事実はない。すべて含まれた上で算出された割合が74％なのであり、沖縄への集中度を水増しする余地はない。むしろ佐藤氏の記述こそ、沖縄の過重負担を薄めていることになっている。

岩国、三沢、佐世保、横田、横須賀、厚木（神奈川県）という県外6主要米軍専用施設の合計面積と、沖縄にある米軍専用施設のうち嘉手納飛行場と嘉手納弾薬庫の2施設だけの面積を比較しても1

対1・2と沖縄の2施設の方が大きい。いかに沖縄に広大な米軍基地が集中しているのかが分かる。

ではインターネットや「嫌沖縄本」などでしばしば誤った形で引用されている「全国の23％」の数字と、「共用」という言葉は何を指しているのか。そのヒントは防衛省が用いる「在日米軍施設」と表現する基地の分類にある。

防衛省が「在日米軍施設」と表現している基地は三つに分類できる。

（1）米軍が単独で使用する米軍基地（日米地位協定2条1―aで規定）

（2）米軍の「正規の使用目的にとって有害でない」など一定の条件の下に、自衛隊に使用を認める米軍基地（日米地位協定2条1―aと2条4―aで規定）

（3）一定の期間を限って、米軍が使用することができる自衛隊基地（日米地位協定2条4―bで規定）

「米軍しか使わない米軍基地」「自衛隊も使える米軍基地」「米軍も一時的に使える自衛隊基地」の三種類だ。

防衛省はこのうち（1）と（2）を「米軍専用施設」と法的に位置付けている。そしてこれらは沖縄に全国の74％の面積が集中する。一方、（1）（2）（3）の全てを合わせると、沖縄にある米軍基地は「全国の23％」にまで比重が小さくなるのだ。

このうち（2）と（3）は、米軍と自衛隊が法的に基地を「共用」できることに違いはないが、そこには「米軍基地」と「自衛隊基地」という根本的な違いがある。つまり米軍基地と呼ぶのは（1）と（2）であり、それらの面積で数値を導き出すことが一般的だ。

米軍専用施設［（1）と（2）］の場合、米軍が基地の排他的管理権を持ち、その運用で日本の法制度が適用除外される特権が認められている。

それに比べて自衛隊基地は日本の法律が適用され、米軍がそこを一時利用する場合にも、基本的に日本の管理権に沿った対応となる。こうした運用面でも「米軍基地」と「自衛隊基地」では大きな違いが生じている。

冒頭の佐藤氏のツイッターには当時、「なるほどそうですか。沖縄から米軍基地を撤去させるために、日本のマスコミが情報操作をしているのでしょう」といった投稿が続き、インターネット上で共有（リツイート）された。

つまり、事実に基づかない佐藤氏の誤った情報がネット上を中心に、広く拡散されてしまったのだ。

沖縄の基地問題に詳しい沖縄国際大の佐藤学教授（政治学）は、佐藤議員が当時、防衛政務官だったことに触れ、「環境相が東京電力福島第一原発事故後に国が定めた除染の長期目標を『何の科学的根拠もない』と発言して問題となったが、これも同じ構図だ」と指摘する。

さらに「この『23％』という数字があちこちで一人歩きしている一方で、責任ある立場の人が、事実に基づかないことを広げている。防衛省自らが作成した資料を見ればすぐに分かることだ。沖縄への基地集中はうそだと主張するための意図的な発信だとすら疑ってしまう内容だ」と批判する。

沖縄基地の虚実

在日米軍基地面積　沖縄は23%?②

――「年1日使用」も合算／「常駐」施設74%、沖縄に

北海道東部にあり、自衛隊最大の演習場でもある陸上自衛隊矢臼別《やうすべつ》演習場（面積約1万8600ヘクタール）。この基地は日米地位協定2条4項のbで定められた、米軍が一時使用可能な自衛隊施設（2―4―b施設）に指定されている。

矢臼別演習場に隣接する標茶町によると、矢臼別では米海兵隊が毎年一度、約2週間の砲撃訓練を行っている。沖縄から移転した県道104号越えの実弾演習だ。この他に日米共同訓練が行われることもあるが、2016年の実績はこちらも2週間で、日米共同訓練の実施は2012年以来、4年ぶりの出来事だ。

米軍による矢臼別演習場の使用日数は、概して年に2週間程度だ。

防衛省は矢臼別演習場などの「2―4―b施設」を「在日米軍施設・区域」と表現し、分類している。この分類に沿うと、米軍による矢臼別の使用は年に2週間程度でも、統計上は「在日米

軍施設」扱いとなる。

さらに矢臼別演習場は全国で最大の自衛隊施設であると同時に、全国最大の「在日米軍施設」としても位置付けられている。

沖縄の基地負担をめぐり「沖縄の米軍基地面積は日本全体の74％と言われるが、実は23％だ」という主張がしばしば聞かれる。だがこの「23％」は、実は先に挙げた矢臼別のような、米軍が一時的に使用できる自衛隊基地を含んだものだ。

これらを含んだ場合、日本で最も多くの「在日米軍施設・区域」面積を抱える都道府県は、沖縄ではなく北海道となる。矢臼別の他にも米軍が一時的に利用できる上富良野中演習場、鹿追然別中演習場など、大型の自衛隊基地があるからだ。

一方、沖縄に74％が集中しているのは、日米地位協定に基づき米軍が排他的管理権を有し、基地の運用に関して日本の法律が適用されず、米側に「治外法権」を認めた「米軍専用施設」のことを指す。これら米軍専用施設は日米地位協定上も、先の「2—4—b」施設とは別に、日米地位協定2条1項aで位置付けが規定された「米軍基地」（2—1—a施設）だ。また米軍専用施設の沖縄への集中度は、防衛省も公式に「74％」という数字を採用してきた。

日米地位協定2条4項—bで規定された在日米軍が使用可能な自衛隊の航空施設を2014年度に米軍が実際に使用した日数
（防衛省把握分）

千歳飛行場（北海道）	55日
百里基地（茨城県）	18日
築城基地（福岡県）	5日
新田原基地（宮崎県）	33日
那覇基地（沖縄県）	4日
新潟基地	1日
小牧基地（愛知県）	14日
美保飛行場（鳥取県）	2日
浜松基地（静岡県）	3日
岐阜基地	1日

ではこれら米軍が一時使用できる自衛隊基地に関して、米軍による実際の使用状況はどうなっているか。

防衛省はこのうち航空施設に関する２０１４年度の米軍による使用日数について、「記録に漏れがある可能性があるが、大きくは違わない」と前置きした上で、琉球新報社に回答した。するとほとんどが年に30日未満で、数日の事例も散見された。

内訳は、最多が北海道の千歳飛行場で55日。宮崎県新田原《にいたばる》が33日、茨城県百里基地が18日、愛知県小牧基地が14日、福岡県築城《ちくじょう》が5日、那覇が4日、静岡県浜松基地が3日、鳥取県美保飛行場が2日、新潟と岐阜がそれぞれ1日だった。

一方、沖縄県は米軍専用施設の一つである米空軍嘉手納飛行場の飛行訓練の実態について、騒音測定を基にこう分析する。

「年間で正確に何日間飛行したという記録はないが、平均すると、日曜でも多いところで1日20回程度は離着陸の騒音が測定されている。ほぼ年中、米軍機の飛行が行われているとは言えるだろう」

同じ「在日米軍施設・区域」と分類される施設でも、米軍専用施設と、米軍が一時利用できる自衛隊施設では、米軍の使用頻度に大きな開きがあるのが実態だ。つまり「沖縄の米軍基地は、実は日本全体の23％」という主張の基となっている数字は、①米軍が管理権を持ち、日常的に使用する専用施設（沖縄に74％が集中）、②使用実績にかかわらず、制度上米軍の一時利用を認めている自衛隊基地、を混ぜ合わせて算出したものだ。

「23％」とする主張は、それらを混ぜた数値を示すことで、74％という数字に表れた「沖縄の過重な米軍基地負担」を薄めようとするねらいもあるとみられる。

沖縄基地の虚実

在日米軍基地面積　沖縄は23%？③

――専用施設、米軍に「特権」／地元の事故調査も制限

「支配の及ばない第三者の行為の差し止めを請求するもので、主張できない」

1994年2月24日、嘉手納基地爆音訴訟で那覇地裁は、騒音被害への賠償は認めたものの、米軍機の深夜・早朝の飛行差し止めを求める住民の訴えを棄却した。この判断は第二次嘉手納爆音訴訟や米軍普天間飛行場の爆音訴訟でも継承されてきた。

たとえ日本国内だとしても、日本側には米軍機の離着陸を制限することができないとする司法判断を示したことになる。米軍に対する法的な特別扱いが如実に表れたのが、2014年5月と15年7月の厚木基地騒音訴訟の判決だ。横浜地裁と東京高裁は、米軍が管理権を有し、自衛隊が共用する厚木基地について、自衛隊機の夜間・早朝の飛行を禁止した一方、同時間帯の騒音の大部分を占める米軍機の飛行差し止め請求は退けた。

同じ軍用機の飛行という行為だが、主体が自衛隊か米軍かで司法の制限に違いが出るねじれを

生じさせた。

しばしば「沖縄の米軍基地面積は実は日本全体の23％」という主張が聞かれる。だがこれは米軍が排他的管理権を持ち、日常的に使用する米軍専用施設だけでなく、「米軍も一時的に利用できる自衛隊基地」を母数に含めたものだ。米軍専用施設の面積で比較すれば沖縄に74％が集中する。

どちらの施設であれ、主に米軍か自衛隊が使用する軍事施設であることには違いない。だが前記の判決のように、米軍の運用をめぐっては、日本の法規制が適用除外される形で米軍に「特権」が認められ、周辺住民の生活被害が救済されにくい構造が横たわる。

では「23％説」の母数に含まれる「米軍が一時的に使用可能な自衛隊基地」を、実際に米軍が一時利用する場合の運用はどうなっているのか。

まず自衛隊基地の管理権は日本側が有する。そのため周辺自治体と防衛省が米軍の使用に関する条件を定めた協定を結んでいる事例が多い。これらの協定は、米軍の訓練に「年間何十日まで」と上限を設定したり、訓練内容について、地元への事前通告を義務付けたりするものが一般的だ。

通告は訓練の期間、時間帯、使用する航空機や武器など主な機材、参加人数などを知らせている。日本側が管理権を持つことで、米軍の運用に一定の制限が設けられていると言える。

一方、米軍専用施設の場合は状況が異なる。

例えば米空軍嘉手納基地や嘉手納弾薬庫に隣接する嘉手納町によると、嘉手納で爆発音やサイレン音を伴う即応訓練やGBS（地上爆発模擬装置）訓練を行う際には、町に内容が事前通知されることもある。だが通知は米軍の義務ではなく、町は「住民から騒音などで苦情があり、確認すると、こうした訓練が行われていたと分かることもしばしばある」という。

嘉手納では沖縄県外や海外にある米軍基地からの外来機の飛来訓練も恒常化しているが、事前通知されることは皆無に等しい。沖縄の米軍基地から本土の自衛隊基地に訓練移転する場合は、その詳細が地元に事前に伝えられるのとは対照的だ。

深夜・早朝の飛行に関しては、これを規制するために日米が結んだ騒音規制措置も存在するが、守られないことが常態化している。米軍が「飛行は運用上、必要だ」と主張すれば、日本側は制限できない仕組みになっている。

米軍専用施設の場合、基地内での汚染物質の流出や墜落事故が発生し、周辺地域の生活環境に懸念がある場合でも、米側が許可しなければ日本側は立ち入り調査もできない。

2013年には宜野座村の米軍キャンプ・ハンセンにヘリが墜落する事故が発生し、米軍が行った現場調査で、日本の環境基準の74倍に相当する鉛、21倍のヒ素が土壌から検出された。墜落現

沖縄国際大学の構内に墜落、炎上した米軍ヘリの残骸。墜落現場を封鎖した米軍は防護服を着た兵士らが検証作業に当たった（2004 年 8 月 17 日）

場から約70メートルの場所には住民の飲料水に使われる大川ダムがあり、宜野座村は取水を緊急停止した。

村は自らも土壌調査などを行うため立ち入り調査を米軍に求めたが、調査が実現したのは事故の4カ月後だった。しかも土壌採取は認められなかった。沖縄県は7カ月後に立ち入りを認められ、その際に初めて、地元による土壌調査が行われた。

２００４年8月に発生した沖縄国際大学のヘリ墜落事故では、米軍が事故現場を閉鎖し、警察や消防が立ち入りを拒否され、現場が突如〝基地外基地〟と化す事態も起きている。

沖縄基地の虚実

米軍犯罪に沖縄県民は過剰反応？

――凶悪犯罪は沖縄県民の倍／逮捕後も起訴半分

「米軍人による沖縄での犯罪は全体の1％（人口は全体の4％）だが、この低い率は沖縄県民には無関係だ。彼らは個々の犯罪の重大性に焦点を当て、『米軍がいなければ事件は起きなかった』と強調する」――2016年5月に内容が明らかになった、在沖米海兵隊による新兵向けの「教育研修」の資料にこのような説明があった。

沖縄県民は米軍犯罪に過剰反応しているのか。

研修資料が示したこの数字には、からくりがある。沖縄県民による犯罪摘発数は例外なく算入されているのに対し、米軍関係者が生活の大部分を過ごす基地内で発生し、米軍の捜査機関が摘発した数は公表されていないため含まれず、〝ブラックボックス〟となっているからだ。

沖縄県警が公表した数字を見るとどうか。

2002〜11年の県警による摘発は、人口1万人当たりで換算すると「県人」は29・5人なのに対し、米軍関係者は15・4人と確かに県民を下回る。だが殺人や強盗、強姦、放火などの「凶悪犯」では、県人らが0・63人なのに対して米軍関係者は1・33人と、2・1倍に達する。

2015年に県内で逮捕された米軍人と自衛隊員の数

米　軍	**90人**（刑法犯 24人、飲酒運転66人）
	駐留人数2万5843人＝2011年公表分／千人当たり 3.48 人 ※基地内犯罪摘発数は非公表
自衛隊	**3人**（飲酒運転）
	駐留人数約6700人(2016年1月現在)／千人当たり0.44人

そもそも、高い規律が求められるはずの米軍関係者と、一般県民を比較すること自体が不適切だとの指摘も根強い。

当の米海兵隊の研修資料もこう言及している――「一般の米国市民であればニュースになることはないが、警察や公務員など制服を着用し、市民の良き隣人となるよう求められる人が間違いを犯せば、新聞の一面を飾る」

では、資料が言及した同じ「制服組」同士を比較すると、実態はどうか。

２０１５年に沖縄県警に逮捕された在沖米軍人は90人で、駐留数２万５８４２人（２０１１年公表分）に基づき算出した場合、千人当たり３・48人だ。一方、琉球新報社の取材によると、県内に駐留する自衛隊員は約６７００人で、２０１５年の逮捕人数は３人で、千人当たり０・44人だった。米軍人の逮捕率を自衛隊員

沖縄県と他府県の累計数の比較（2008〜15年）

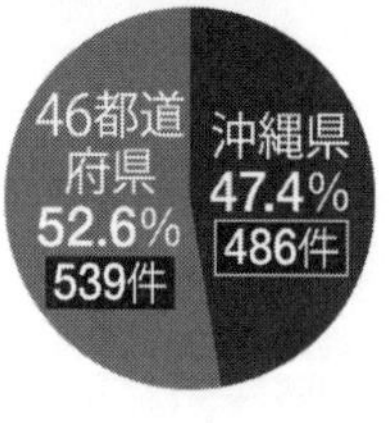

米軍人などによる犯罪摘発数の沖縄県と他府県の比較

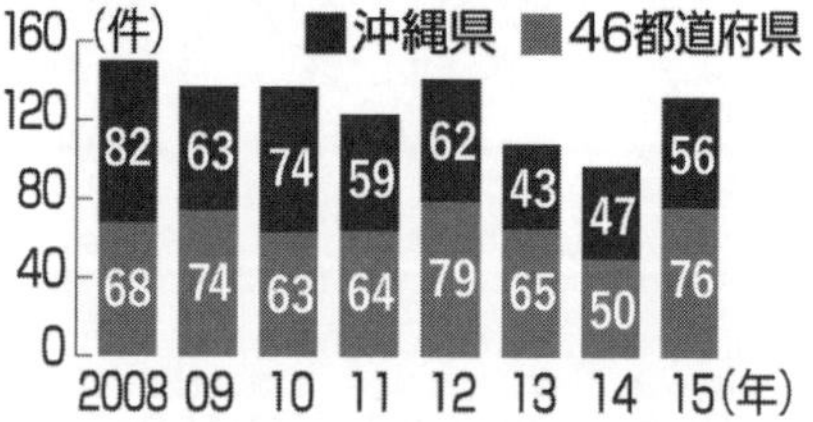

※全国知事会米軍基地負担に関する研究会まとめ

と比較すると８倍に上る。

自衛隊の逮捕はすべて飲酒運転によるものだった。米軍人は凶悪事件による逮捕も４人いた。２０１６年も３月には米海軍兵による女性暴行事件、４月には米軍属による女性暴行殺人事件があり、県民に大きな衝撃を与えた。

ちなみに沖縄県警の警察官（２３５６人）は、２０１５年の逮捕者数は「なし」と回答した。

米軍犯罪が問題視されるのは、発生数や事件の性質だけによるものではない。発生後の取り扱いを巡っても、日米地位協定による身柄引き渡し問題などがあり、米軍関係者に対する事件の〝お目こぼし〟問題も存在するからだ。

日米地位協定は米軍関係者による事件・事故は、「公務外」であれば日本側が一次裁判権を持つと規定する。だが１９５３年10月に日米密約を結び、「日本にとって著しく重要と考える事件以外は一次裁判権を行使するつもりはない」と日本側が表明したことが非公開議事録に記録され、日本が裁判権を放棄した実態が判明している。

実際、２０１５年に国内で発生した刑法犯の起訴率は、国内平均が38・5％だったのに対し、米軍関係者は18・7％と半分以下にとどまる。

戦後８年目の１９５３年に結ばれた密約が今も有効なのか、という疑問も生じる。

だが在日米軍の現役の法務部の担当者が２００１年にまとめた論文は、米軍関係者に対する起訴率が低くとどまっていることを認めた上で、こう記している。

「合意は今も忠実に実行されている」

【周辺取材：米軍犯罪47％が沖縄に集中】

２００８～15年の８年間に、在日米軍人・軍属とその家族による犯罪摘発件数が、沖縄１県で全国の総数の47・４％を占めていたことが分かった。沖縄にある在日米軍専用施設の割合は国内全体の70・４％と高い水準を占めていて、騒音被害や墜落の危険性などの過重負担が指摘される中、犯罪被害でも多くの負担を負っていることが改めて浮き彫りになった。全国知事会内に設置されている米軍基地負担に関する研究会がまとめた。

研究会の調査によると、２００８年以降の８年間、沖縄１県の犯罪摘発件数は、全国の39・８～54・７％の割合で推移している。８年間の累計でみると全国１０２５件の摘発件数に対し、沖縄1県だけで47・4％に当たる486件を占めた。

米軍基地負担に関する研究会は、「沖縄の基地問題をわがこととして真剣に考えてもらうようお願いしたい」（翁長雄志知事）という沖縄県の要望を受けて、2016年7月に全国知事会内に設置された。埼玉県の上田清司知事を座長に、全国知事会会長の山田啓二京都府知事、米軍基地所在の都道府県でつくる渉外知事会会長の黒岩祐治神奈川県知事ら、11道府県知事がメンバーとなっている。

これまで3回研究会を開催していて、翁長知事から沖縄の基地負担の現状を聞き取ったほか、政策研究大学院大学の道下徳成教授を招き日米同盟について説明を受けるなどしている。これら活動の内容を、岩手県で開かれている全国知事会議で2017年7月28日に、座長の上田埼玉県知事が報告した。

沖縄県内では16年4月に米軍属女性暴行殺人事件が発生した。この事件を受けて、政府は16年6月から「沖縄・地域安全パトロール隊」を発足させたほか、各地域に防犯灯や防犯カメラの設置を決めている。

沖縄県警は2017年1月からパトロールに充てる警察官を100人採用した。

沖縄基地の虚実

普天間返還条件、未達成なら「返還なし」？
――防衛相発言が波紋／新基地後の使用否定せず

米軍普天間飛行場の返還を巡り、稲田朋美防衛相（当時）が移設先の名護市辺野古の新基地建設が進んだとしても、それ以外の返還条件が満たされない場合は普天間が返還されないと明言し、沖縄県議会で議論になるなど波紋を呼んでいる。

返還条件は8項目あり、防衛省も従来、条件が満たされなければ返還されないとの見解を示している。ただ、防衛相が「返還できない」と明言したのは初めてである。辺野古新基地が建設されても普天間が返還されないと明示したもので、継続使用されれば負担が増大する可能性を示したことになる。

稲田氏の発言があったのは2017年6月15日の参院外交防衛委員会で、民進党の藤田幸久氏への答弁だった。藤田氏は普天間飛行場の返還条件の一つ「長い滑走路を用いた活動のための緊急時における民間施設の使用の改善」を挙げ、米側と調整が進まない場合に普天間が返還されないことがあるか確認した。

普天間飛行場の返還条件は２０１３年４月、日米両政府が合意した嘉手納基地より南の米軍基地の返還・統合計画で決まった。

条件は、①飛行場関連施設等のキャンプ・シュワブへの移転、②航空部隊、司令部機能、関連施設のシュワブへの移設、③必要に応じた飛行場能力の代替に関連する航空自衛隊新田原基地・築城基地の緊急時の使用のための施設整備、④代替施設では確保されない長い滑走路を用いた活動のための緊急時における民間施設の使用の改善、⑤地元住民の生活の質を損じかねない交通渋滞、諸問題の発生回避、⑥隣接する水域の必要な調整の実施、⑦施設の完全な運用上の能力の取得、⑧ＫＣ１３０空中給油機の岩国飛行場の本拠地化——の８項目となっている。

普天間飛行場返還の条件

1	海兵隊飛行場関連施設等のキャンプ・シュワブへの移設
2	海兵隊の航空部隊・司令部機能及び関連施設のキャンプ・シュワブへの移設
3	普天間飛行場の能力の代替に関連する、航空自衛隊新田原基地及び築城基地の緊急時の使用のための施設整備は、必要に応じ実施
4	普天間飛行場代替施設では確保されない長い滑走路を用いた活動のための緊急時における民間施設の使用の改善
5	地元住民の生活の質を損じかねない交通渋滞及び関連する諸問題の発生の回避
6	隣接する水域の必要な調整の実施
7	施設の完全な運用上の能力の取得
8	KC-130飛行隊による岩国飛行場の本拠地化

藤田氏が問いただしたのは④の項目だ。

普天間飛行場は滑走路約2700メートルだが、辺野古はオーバーランを含めても約1800メートルで、短くなる。そのため米側が「大型の航空機などが使用できる滑走路を求めている」（防衛省関係者）ため、民間空港の使用が想定されるという。

ただ現状では日米間の協議で使用する空港は決まっていない。そこで、稲田氏は仮定の話だとした上で、「普天間の前提条件であるところが整わなければ、返還とはならない」と明言し、新基地が建設されても普天間が返還されない可能性を繰り返した。

返還条件の8項目については、防衛省も琉球新報社の取材に対し、条件を満たしているのは、⑧だけだと回答しており、稲田氏と同様の見解を示している。

現在、嘉手納基地ではSACO最終報告に違反する形で、移設したはずの旧海軍駐機場が使用されている。

沖縄県や嘉手納町が問題視する中、米軍は2009年の日米合同委員会で「必要に応じて使用」に合意したと主張している。

騒音問題に配慮して、住宅地近くから嘉手納基地中央部に移されたため、旧海軍駐機場は使用されないとみられていた。だが、2017年1月の移転完了以降も、外来機の飛来が相次いでいる。日本側は「必要に応じて使用」するとした合意の存在を否定する。一方で米側に対し、旧海軍駐機場の使用を禁止するようには求めておらず、黙認している状態だ。

今後、普天間飛行場についても、辺野古新基地が建設されても他の返還条件が満たされない場合、米軍が辺野古と同時に使用する可能性は否定できない。

２０１７年４月から新基地の埋め立て本体工事が進められているが、普天間飛行場の返還条件という根本の議論が改めて注視されている。

沖縄基地の虚実

普天間返還、辺野古新基地以外の条件はある？

――「負担軽減」根本覆す／県は「政府説明は一切なし」

普天間飛行場の返還条件については２０１３年、日米が合意した統合計画に８項目が記されている。しかし政府はこれまで「辺野古が唯一」と繰り返し主張しており、辺野古新基地が完成すれば普天間基地は返還されると思わせる説明を繰り返してきた。

沖縄県も返還の８項目の条件について、政府からの説明は「一切ない」としている。

２０１７年７月５日の沖縄県議会で謝花喜一郎知事公室長は、２０１３年の統合計画合意直後にあった小野寺五典防衛相（当時）と仲井真弘多知事（当時）との面談について、「嘉手納以南の返還と普天間飛行場の返還はリンクしていないとの説明に終始しており、民間空港については一切説明なく、こちらも認識はなかった」と述べた。

さらに８条件について「どの条件が満たされたら返還されるのか明示されていない」と、これ

埋め立て本体工事が進められている辺野古

まで政府から一切説明がないことを強調した。

防衛省は民間空港の使用可能性について、現時点で那覇空港の使用について米側と合意した内容はないとしている。しかし、２００８年の日米間の協議で、米側が緊急時は那覇空港第二滑走路を使用可能とするよう日本側に打診していたことが既に明らかになっている。

この日米間のやり取りは内部告発サイト「ウィキリークス」に一部掲載されており、08年9月12日付の在日米大使館発の公電によると、訪日したセドニー米国防副次官補（当時）らが、この年8月27、28日に日本政府関係者と面談した内容を記している。

セドニー氏が第二滑走路について「一義的には民間施設だが、緊急時は米軍機も受け入れられる」と日本側の同意を求めた。日本側は難色を示したが、同時に「（日本側は）当然今後さらなる議論をすべきだという点には同意した」とも伝えている。

セドニー氏は、冬柴鉄三国土交通相（当時）とも会談した。公電は冬柴氏が米軍の那覇空港利用に同意したかは記していないが、第二滑走路の建設は「米軍再編の実行計画と調和した形で進めると明確に述べた」と報告している。

新基地が完成しても普天間が返還されないとなれば、沖縄本島内に辺野古と普天間の2つの海兵隊飛行場が併存することになり、「負担軽減」という移設問題の根本を覆す。

そもそも仲井真前知事が埋め立て承認と引き替えに政府に求めた、「5年以内の運用停止」も成立し得ない。県政与党内からは、仲井真前知事の参考人招致などを求める声も出始めている。

沖縄県は「政府は返還時期や条件について県民に丁寧に説明すべきだ」としており、今後政府に確認していく考えだ。

沖縄基地の虚実

米軍は日本を守るため沖縄にいる？

――アジア戦略にらみ駐留／識者「尖閣防衛は敬遠」

在日米軍はいつどんな時も、日本のために戦うのか。どのような状況に対応するために沖縄に駐留しているのか。例えば尖閣諸島を巡り、米政府が「日米安全保障条約第5条の適用対象」と説明していることを引き合いに、在沖米軍が尖閣問題で即時介入するような印象を抱き、在沖米軍の必要性を主張する言説がしばしば見られる。

ただ実際は日米安保条約5条は、在日米軍の参戦には米連邦議会の議決など「自国の憲法上の規定および手続き」に沿った決定が必要となると規定されていることや、日本政府自身も「尖閣諸島の安全に米軍がすぐ活動する状態にはない」（森本敏元防衛相）といった見解を示しており、米側の介入には長く疑問が呈されてきた。

1969年11月に、米ワシントンで会談した佐藤栄作首相（当時）とニクソン米大統領（同）

は共同声明で、沖縄の日本復帰に向けた協議を始めると発表した。

その中で日本復帰後の沖縄の防衛に関し、こう言及している。

「首相は、復帰後は沖縄の局地防衛の責務は日本自体の防衛のための努力の一環として徐々に負うとの日本政府の意図を明らかにした」

つまり日本が統治する沖縄の「局地防衛」は「日本の責務」として行うことを、両国首脳間で確認したのだ。


復帰から45年が過ぎ、こうした役割は日米間で実務的にどう位置付けられているのか。

日米防衛協力の指針（ガイドライン）は、「自衛隊は、島嶼に対するものを含む陸上攻撃を阻止し、排除するための作戦を実施する一義的責任（ｐｒｉｍａｒｙ　ｒｅｓｐｏｎｓｉｂｉｌｉｔｙ）を負う」と明記している。ちなみに米軍の役割については、自衛隊による行動作戦の「支援と補完（ｓｕｐｐｏｒｔ　ａｎｄ　ｓｕｐｐｌｅｍｅｎｔ）」というあいまいな表現にとどまる。自国防衛は基本的に日本自身が担うことが、ここでも両国間で確認されている。


では、米軍はなぜ日本にいるのか。春名幹男早稲田大客員教授が２００７年９月に米国立公文書館で発見した機密文書に、そのヒントが見られる。

1971年12月29日、ジョンソン米国務次官（当時）がニクソン大統領に宛てたメモは、在日米軍の役割をこう記していた。

「在日米軍は日本本土を防衛するために日本に駐留しているわけではなく（それは日本の責任だ）、韓国、台湾、および東南アジアの戦略的防衛のために駐留している」

実際、沖縄を拠点とする米海兵隊の主力戦闘部隊は、年間の半分以上は沖縄を〝留守〟にし、太平洋地域を巡回展開している。

機密文書を入手した春名氏は、同じ文書に「米軍は『戦略的な広い意味』では、日本を防衛することもあり得る」とも記されている点に着目し、在日米軍の役割をこう解説する。

「日本が大規模な侵略を受け、米国の基本的な安保戦略自体が危うくなるような事態には、米軍が日本防衛のために行動すると考えられる。米軍は日本を防衛する目的で駐留しているのではなく、台湾有事、朝鮮半島有事、東南アジア戦略をにらんだ兵站補給機能の『足場』として日本を位置付けている」

春名氏はさらに続ける。

「米国は尖閣などの防衛には関与したくないのが本音。広い意味での戦略に影響する事態でない限り、自国の防衛は基本的に自衛隊でやってくれ、ということだ」

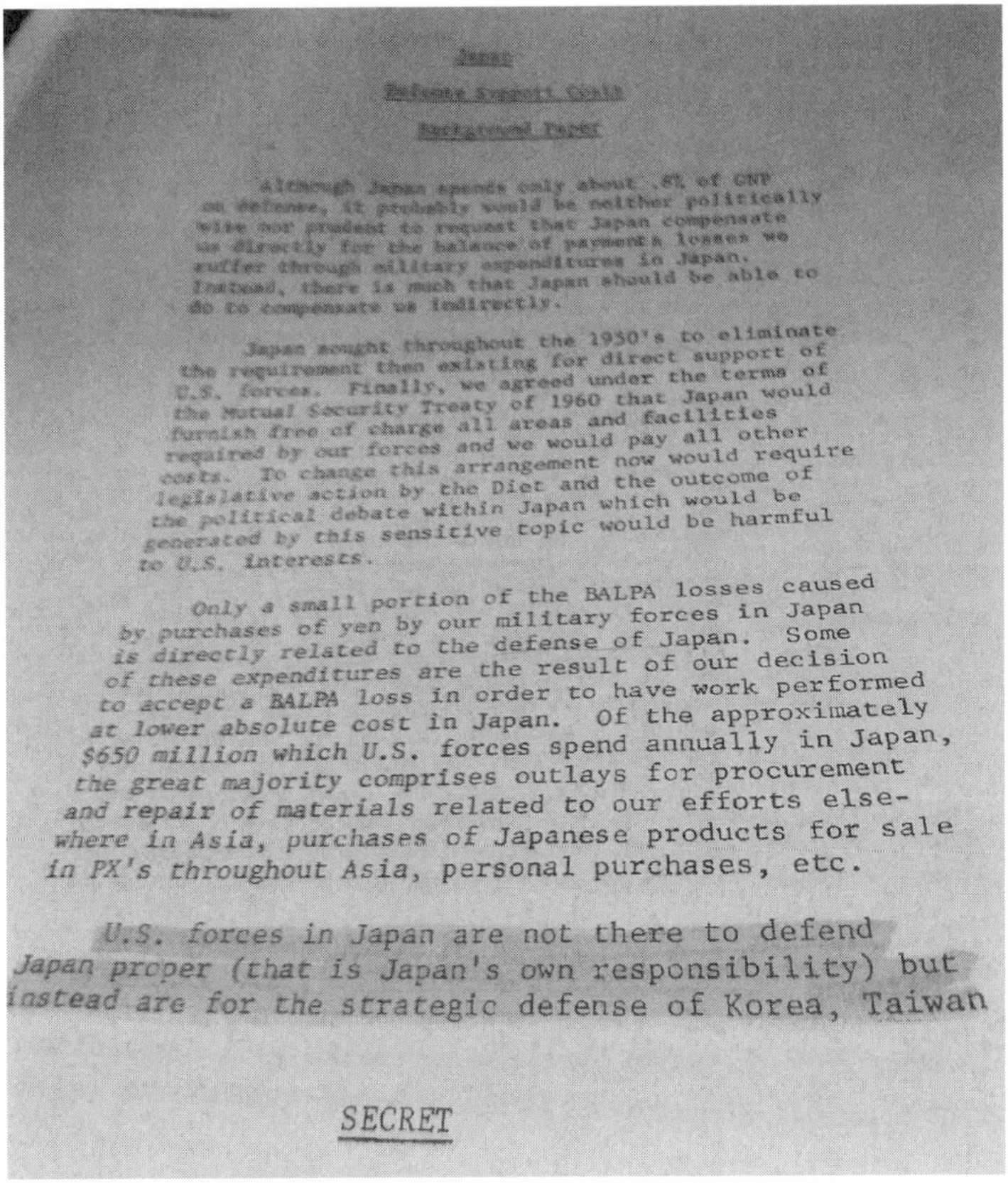

Japan

Defense Support Costs

Background Paper

Although Japan spends only about .8% of GNP on defense, it probably would be neither politically wise nor prudent to request that Japan compensate us directly for the balance of payments losses we suffer through military expenditures in Japan. Instead, there is much that Japan should be able to do to compensate us indirectly.

Japan sought throughout the 1950's to eliminate the requirement then existing for direct support of U.S. forces. Finally, we agreed under the terms of the Mutual Security Treaty of 1960 that Japan would furnish free of charge all areas and facilities required by our forces and we would pay all other costs. To change this arrangement now would require legislative action by the Diet and the outcome of the political debate within Japan which would be generated by this sensitive topic would be harmful to U.S. interests.

Only a small portion of the BALPA losses caused by purchases of yen by our military forces in Japan is directly related to the defense of Japan. Some of these expenditures are the result of our decision to accept a BALPA loss in order to have work performed at lower absolute cost in Japan. Of the approximately $650 million which U.S. forces spend annually in Japan, the great majority comprises outlays for procurement and repair of materials related to our efforts elsewhere in Asia, purchases of Japanese products for sale in PX's throughout Asia, personal purchases, etc.

U.S. forces in Japan are not there to defend Japan proper (that is Japan's own responsibility) but instead are for the strategic defense of Korea, Taiwan

SECRET

在日米軍の駐留は日本を守るためではなく、台湾、朝鮮半島、東南アジアの戦略的防衛という目的だと記した、米高官が大統領に宛てた文書（春名幹男氏提供）

Masahiro LOUNGE
まさひろラウンジ

■ニュース・情報提供 098-865-5158
■広告のお申し込み 0120-43-5059
■購読・配達のお問い合わせ 0120-39-5069
■本社事業案内 098-865-5256
■読者相談室 098-865-5656

琉球新報

THE RYUKYU SHIMPO 第38977号

2017年（平成29年）7月25日 火曜日［旧6月3日・友引］

発行所 琉球新報社 ©琉球新報社2017年 〒900-8525 那覇市天久905 電話098-865-5111

辺野古差し止め提訴

県「国の工事、違法」

漁業権存否が争点に

名護市辺野古の新基地建設で県は、国が岩礁破砕許可を得ずに工事を進めるのは違法だとして24日午後、国を相手にした岩礁破砕の差し止め訴訟を那覇地裁に提起した。差し止め訴訟と併せて判決が出るまで工事を止めるよう求める仮処分も申し立てた。新基地建設を巡り、国と県は5度目の法廷闘争に入る。

2、3、6、7、23、30、31面に関連、6面に訴状要旨

知事「新基地は理不尽」

護岸工事進む　消波ブロックなどが投下され、工事が進むK9護岸＝24日午後、名護市辺野古の米軍キャンプ・シュワブ（小型無線ヘリで撮影）

提訴の意義を記者団に説明する翁長雄志知事＝24日午後5時すぎ、県庁

翁長雄志知事は午後5時から県庁で記者会見し「国は辺野古案件のために漁業権運用の見解を恣意的に変えた。法治国家の在り方からは程遠い」と国の姿勢を批判した。その上で「（今回の裁判は）新基地建設の是非そのものを問うものではないが、県民の思いを置き去りにしたまま新基地建設に突き進む国の姿勢が問われている」と述べ、裁判を通して国の強権的な姿勢を浮かび上がらせることができると、訴訟の意義を強調した。

記者の質問に答える形で、「漁業権の問題などを県民や国民に知らせながら、辺野古新基地を造ることの理不尽さと、政府の進め方の拙速さを訴えていく」と語った。

今回の訴訟で県は、工事海域には漁業権が存在し、工事を実施するには県による岩礁破砕許可が必要だと主張する。一方国はこれまで、名護漁業協同組合の決議により漁業権はすでに消滅しており、県から岩礁破砕許可を得る必要はないと主張している。

県は訴状で、漁業法第11条や22条を根拠に、名護漁協が総会で決議した漁業権の「一部放棄」は、漁場の「縮小」を意味し、「漁場の縮小」が「変更」に該当するということは明治漁業法以来、当然のこととされ、現行法下の水産行政も一貫してこの立場をとってきた」と主張。漁業権を変更するには知事免許が必要だとした。

さらに、県が国に岩礁破砕許可申請を請求することができる理由として県は

辺野古岩礁破砕差し止め訴訟の県の主張

請求の趣旨

■「工事海域を含む水域では、知事の許可を受けることなく岩礁破砕、土砂もしくは岩石採取をしてはならない」との判決を求める

請求の原因

■漁場の区域縮小の変更免許がない以上、工事水域には漁業権が存在する

■県漁業調整規則では岩礁破砕は知事の許可を受けるべきと作為義務を課す

■県は、義務履行を求める権利を有する

首相、加計への便宜否定

閉会中審査「計画把握は1月」

衆院予算委の閉会中審査で、答弁に向かう和泉洋人首相補佐官（左）。下は前川喜平前文部科学事務次官

衆院予算委の閉会中審査で答弁する安倍首相＝24日午後

安倍晋三首相は24日、衆院予算委員会の閉会中審査で、友人が理事長を務める学校法人「加計学園」の獣医学部新設計画に関し、加計側から働き掛けや依頼はなかったと説明し、自身も便宜を図ったことはないと強調した。計画を把握したのは今年1月とも答弁したが、野党は「あり得ない」と反発。学部新設を巡る首相官邸の関与について参考人の前川喜平前文部科学事務次官と和泉洋人首相補佐官の主張が真っ向から対立した。

（9面に関連）

首相は、加計側に便宜を図るよう指示したことがあるかを問われ「全くない」と否定。同時に「私の友人が関わることだから、疑念の目が向けられるのはもっともだ」と釈明したが、「（計画を）白紙にすることは考えていない」と明言した。

計画の把握時期に関し、1月20日に学園による国家戦略特区の申請が認められた時点だったと明かした。

前川氏は、和泉氏から昨年9月に「総理は自分の口から言えないから自分が言う」と学部新設で対応を促されたと重ねて証言。この内容を当日中に文科省高等教育局専門教育課に伝えたと明らかにした。和泉氏は

❺

SACO って何だったのか？

沖縄基地の虚実

基地の整理縮小は実現したか？①

——ＳＡＣＯ最終報告から20年／普天間返還合意は…

「約4千ヘクタールが返ってくることに異議を唱えるのは難しい」——ＳＡＣＯ最終報告で合意された米軍北部訓練場の部分返還について、翁長雄志知事は２０１６年11月28日の会見でこう述べた。日本政府はこの部分返還によって、全国の米軍専用施設（基地）のうち沖縄の基地の占める割合が74％から約70％になるとして、「沖縄の基地負担軽減」を喧伝する。

だが果たしてそうだろうか。面積の数字上の減少だけにとらわれてＳＡＣＯの本質を見落としていないか。政府が強調する「負担軽減」は本当になされているのか。ＳＡＣＯ最終報告発表から20年がすぎた。「基地負担の軽減」とされてきたＳＡＣＯ合意の本質を探る。

日米両政府は、１９９５年秋の沖縄で起きた事件を受けた、在沖米軍基地の整理縮小を求める沖縄県民による大きなうねりに対処する形で、新たに基地に関する協議機関「日米特別行動委員

強行配備されたオスプレイは負担軽減なのか。低空飛行を繰り返すオスプレイ

会（SACO＝Special Action Committee on Okinawaの略称）」を設けた。両政府の高官による会議はわずか1年で結論を得て、1996年にSACO最終報告をまとめ、米海兵隊普天間飛行場の返還を含む11の施設約5千ヘクタールの基地の整理縮小を合意した。

このSACO合意が、沖縄県北部・やんばるの名護市辺野古沖で現在、新基地建設の護岸工事が進められている、いわゆる「普天間飛行場移設問題」の始まりだ。

そもそも沖縄の基地負担軽減を議論してきたのはSACOが初めてではない。随時、安全保障に関する事柄を協議する場として日米安全保障協議委員会があった。日本側は外務

大臣、防衛庁長官（当時）、米国側は駐日米大使と太平洋軍司令官がメンバーだ。現在は米側出席者は国務、国防両長官に代わり、「2プラス2」とも呼ばれる。

基地の過重負担を巡って沖縄県側は、1972年の日本復帰に際しても米軍基地の整理縮小を求めてきたし、日本側も復帰に合わせて1971年11月24日の衆院本会議で「非核兵器ならびに沖縄米軍基地縮小に関する決議」を可決した。沖縄側の要望に日本本土側も呼応した格好で、沖縄の基地の整理が進むと期待された。

沖縄側は復帰以降、一貫して基地負担の軽減を言い続けてきた。その要望に復帰から20年以上たって改めてスポットライトが当てられ、それによって揺さぶられた日本国民が、さも初めて沖縄の負担に気付いたかのように「沖縄問題」として取り扱った。それがSACOという「舞台装置」だった。

実は復帰以降にも返還の対象にあげられた沖縄の基地もあった。だが、返還される基地の機能を沖縄県内のどこかに移設することが条件とされたため、実現を見てこなかった施設も少なくなかった。返還が進まなかった施設は１９９６年のＳＡＣＯ合意リストの11の施設に改めて再編入された。

それまで返還できなかった「実績」があったからこそ、ＳＡＣＯが発足してからわずか1年ほどで返還合意のリストをまとめることができた。手あかのついた返還リストの看板の掛け替えだったが、さも日米両政府が新たに負担軽減の措置を決めたかのように演出する材料の一つとなった。

沖縄基地の虚実

基地の整理縮小は実現したか？②

――普天間返還合意／要求せねば交渉なし

1996年4月の米軍普天間飛行場の返還合意は、なぜ実現したのか。海兵隊員による事件が大きく論議に拍車を掛けたのは間違いない。橋本龍太郎という存在もあったろう。

だが沖縄側から長年にわたり返還を強く求めてきたことも無関係ではない。

「沖縄側から要求が出ていたことも検討されたことの一つとしてある」――SACO（日米特別行動委員会）交渉に携わった元米政府高官は、普天間飛行場返還交渉で沖縄側の要求も一要因だったと振り返った。

沖縄側の普天間返還要求は、1985年に西銘順治知事の初訪米以降だ。米側への直接交渉は初めてで、西銘知事はキャスパー・ワインバーガー国防長官やリチャード・アーミテージ国防次官補、マイケル・アマコスト国務次官らに要請した。

「元海兵隊員による残虐な蛮行を糾弾！被害者を追悼し、沖縄から海兵隊の撤退を求める県民大会」で〈海兵隊は撤退を〉のプラカードを掲げる参加者（2016年6月19日、那覇市）

さらに沖縄側からの要求は続く。西銘知事に次いで大田昌秀知事も何度も訪米し、要請し続けた。

「辺野古新基地を止めるということは海兵隊にどこかへ行ってと言うことと同じ。陸上部分の工事を認めたキャンプ・シュワブは海兵隊の基地だから論理的に整合性がない」――2016年11月26日のシンポジウムでジャーナリストの屋良朝博氏は強調した。

その前日の25日に官邸で開かれた政府との会合で、沖縄県側は防衛省が求めていた辺野古陸上部分の隊舎建設を容認した。

沖縄県は、反対している辺野古新基地建設と隊舎工事が直接関係しないと確認できためと説明している。だが屋良氏は、海兵隊の施設更新自体に疑問を投げ掛ける。

今、問われているのは海兵隊の存在自体をどう考えるかだ。既存の返還計画の延長線上で考えるのか、改めて返還への新たな戦略を展開できるのか。

「海兵隊撤退」は、2016年5月の沖縄県議会の抗議決議に初めて盛り込まれ、6月の県民大会でも要求に掲げられた。翁長雄志知事は自身の言葉で言及していない。

大田県政時代、基地の段階的縮小をうたった基地返還アクションプログラムがあった。海兵隊撤退のシナリオを沖縄側から提示したものだった。

翁長知事は、沖縄側から基地返還要求の提示をする考えについて、「研究をさせている。まとめられるものはまとめていきたい」と述べた。

要求しない限り交渉は始まらない。普天間返還の実現で分かったことの一つだ。

沖縄基地の虚実

基地の整理縮小は実現したか？③

――普天間移設計画／途中変更、新機能次々に

ここに、米海軍の技術部門の一部署である海軍施設技術支援センターがまとめた報告書がある。作成は1998年5月、表題は「岸壁やふ頭への艦船の係留を評価するための計画・予備設計ツール」だ。

要約を読むと、「岸壁やふ頭に艦船を安全に係留できる限界を判断するためのプログラム。米海軍の艦船を係留するための最適条件を算出し、係留の機能を決めるために使用する」と説明している。

米海軍の艦船ごとの接岸基準を示したものだ。

米海軍の航空母艦やミサイル駆逐艦、高速戦闘支援艦、車両貨物輸送艦に加え、沖縄によく寄港する米海兵隊の強襲揚陸艦も列挙し、それぞれの長さに応じた係留方式などが数式とともに記してある。艦船を固定する「もやい綱」を、岸壁のどの位置から、何本、どの角度で結ぶかなど

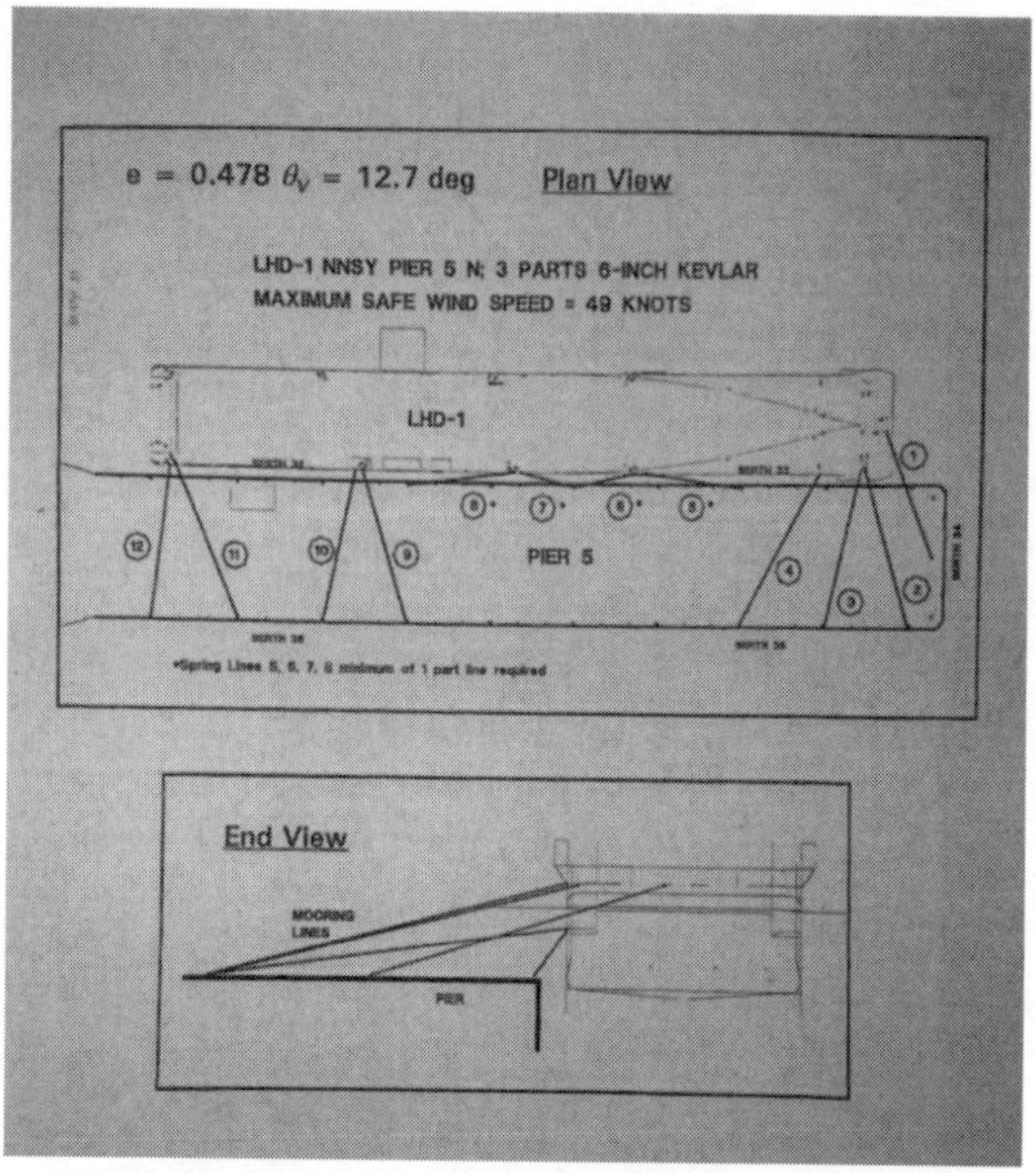

米海軍施設技術支援センターの技術報告書（1998年5月）に記された米強襲揚陸艦（LDH）の接岸基準。上は俯瞰図、下は断面図

も図示している。

そこに示された「計画図」の艦船と岸壁の位置を参考に、船の長さから必要な岸壁の長さを逆算してみよう。長崎県佐世保基地所属の強襲揚陸艦（ＬＨＤ）ボノムリシャール（全長２５７メートル）だと、もやいを結ぶ係船柱の設置に必要な距離は２７１・86メートル。

ここで、沖縄防衛局が２０１３年に沖縄県に提出した米軍普天間飛行場の名護市辺野古移設案の埋め立て申請書を見てみる。「代替施設」の大浦湾側に面した「護岸（係船機能付）」とされる部分の長さは、「２７１・８メートル」と記されている。先の数字と奇妙なほどぴったり一致する。

実はこの「普天間代替施設」の「護岸」、防衛局はそれまでの申請書に「約200メートル」と記し「護岸の一部（約200メートル）を船舶が接岸できる構造（係船機能付）として整備するが、恒常的に兵員や物資の積み卸しを機能とするような、いわゆる軍港を建設することは考えていない」と説明してきた。

それが土壇場で、LHDの係留に必要な岸壁の所要とぴったり同じ長さに拡大された。「普天間代替施設」の所要を巡っては、他にも途中変更がなされてきた。SACO中間報告では、「代替施設」の検討対象は「ヘリポート」だった。滑走路はSACO最終報告時の1500メートルから1800メートルに延長された。基地の回りを飛ぶ場周経路は、当初の「台形」から米側の指摘を受け、「だ円形」に修正した。

数えあげればきりがない。計画が具体的になるたび、細部について米側から修正がかかってきた。

沖縄の負担軽減をうたったSACO合意、本当はいったい誰のための合意なのだろう。

沖縄基地の虚実

基地の整理縮小は実現したか？④

――辺野古陸上工事／国、移設関連と位置付け

「埋め立て工事とは直接関係ないと判断し、中止を求めない」――2016年11月25日の「政府・沖縄県協議会」の作業部会で、安慶田光男副知事（当時）は、名護市辺野古の米軍キャンプ・シュワブ陸上部の隊舎2棟建設を容認する考えを、政府側に伝えた。

米軍普天間飛行場移設で政府が進めようとしている名護市辺野古沿岸部の埋め立て工事。沖縄防衛局は2013年12月の仲井真弘多前知事の埋め立て承認を受けて、関連工事を進めてきた。だが翁長県政に代わって以降、埋め立て承認取り消しを巡る辺野古代執行訴訟で2016年3月に沖縄県と政府の間で和解が成立した。承認取り消しの効力が生きて、防衛局は辺野古移設関連工事のすべてを止めた。

「埋め立てと関係ないので陸上部分の隊舎建設を再開したい」――防衛局は2016年夏、「埋

高文研
人文・社会問題
出版案内
2025年

無名東学農民軍慰霊塔　韓国全羅北道古阜　（富士国際旅行社提供）

KOUBUNKEN
高文研
ホームページ https://www.koubunken.co.jp
〒101-0064 東京都千代田区神田猿楽町2-1-8　三恵ビル
☎03-3295-3415　郵便振替 00160-6-18956

この出版案内の表示価格は本体価格で、別途消費税が加算されます。

ご注文は書店へお願いします。当社への直接のご注文も承ります（送料別）。なお、上記郵便振替へ書名明記の上、前金でご送金の場合、送料は当社が負担します。

◎オンライン決済・コンビニ決済希望は右QRコードから

【教育書】の出版案内もございます。ご希望の方には郵送致します。

◎各書籍の上に付いている番号は【ISBN 978-4-87498-】の下4桁になります。

◈日本と世界を考える◈

862-6
コスタリカ
伊藤千尋著
「軍隊を持たない国」中米・コスタリカの人びとの平和、民主主義、人権観を通して日本を考える。
1、800円

851-0
アフガニスタン
レシャード・カレッド著
日本在住のアフガニスタン人医師が綴る、祖国の歴史と現状、真の復興への熱い想い。
2、000円

430-7
知ってほしい アフガニスタン
レシャード・カレッド著
アフガンの苦難の歴史と復興への願い。
1、600円

882-4
ゾヤの物語
自由を希求するアフガニスタン女性の闘い
ゾヤ著
タリバンの圧政・女性差別に立ち向かうひとりの女性の半生を綴ったノンフィクション。
2、200円

633-2
知ってほしい国 ドイツ
新野守弘・飯田道子・梅田紅子編著
ドイツとはいったいどういう国柄なのか？ もっと深く知りたいドイツを知る入門書！
1、700円

378-2
ドイツは過去とどう向き合ってきたか
熊谷 徹著
「ナチスの歴史」を背負った戦後ドイツの、被害者と周辺国との和解への取り組み。
1、400円

607-3
国のために死ぬのはすばらしい？
ダニー・ネフセタイ著
イスラエルからきたユダヤ人家具作家の平和論。
1、500円

283-9
イスラエル・パレスチナ 平和への架け橋
高橋和夫・ピースボート著
両国の若者が平和共存への道を語る。
1、600円

799-5
増補版 プーチン政権の闇
林 克明著
テロや暗殺でその基盤を固めたプーチン政権の推移と、ウクライナ開戦に至るまでの背景を探る。
1、700円

417-8
チェチェン民族学序説
ムサー・アフマードフ著
今西昌幸訳
チェチェン民族の世界観、宗教観。
2、500円

586-1
キューバ
伊藤千尋著
超大国を屈服させたラテンの魂。「カリブの赤い星」と呼ばれたキューバの姿に迫る！
1、500円

371-3
反米大統領チャベス
●評伝と政治思想
本間圭一著
独自路線を貫く南米の指導者の素顔に迫る！
1、700円

344-7
カナダはなぜイラク戦争に参加しなかったのか
吉田健正著
カナダ外交から学ぶアメリカとの付き合い方。
1、900円

755-1
イギリス労働党概史
本間圭一著
イギリス二大政党の一翼を担う労働党の誕生から現在までを概観し、政権奪取の要因を読み解く。
3、000円

412-3
私たち、「何じん」ですか？
●「中国残留孤児」たちはいま…
樋口岳大・文／宗景正・写真
帰国した中国残留孤児の「いま」を追う。
1、700円

365-2
中国残留日本人
大久保真紀著
敗戦の混乱で「満州」に置き去りにされた残留婦人・孤児が辿った苦難の道のり。
2、400円

270-9
我愛成都
●中国四川省で日本語を教える
芦澤礼子著
中国・成都で日本語を教えて6年、素顔の中国と教え子たちの現在・過去・未来を紹介。
1、700円

832-9
ちっちゃな捕虜
リーセ・クリステンセン著 泉 康夫訳
インドネシアで何があったのか?! 日本軍抑留所を果敢に生きたノルウェー人少女のものがたり。
2、700円

674-5
橋の下のゴールド
●スラムに生きるということ
マリリン グティエレス著 泉康夫・訳
フィリピン社会に一石を投じたルポルタージュ！
1、400円

215-0
アジア各国事情
ヘン・キムソン画・田村宏嗣解説
痛快無比！ 異色のアジア風刺漫画。
1、500円

562-5
日本の柔道 フランスのＪＵＤＯ
溝口紀子著
硬直した日本の柔道界に風穴を開ける！
1、700円

この出版案内の表示価格は本体価格で、別途消費税が加算されます。

普天間飛行場の辺野古移設に回帰した民主党政権時代でも進められていた、キャンプ・シュワブ内の隊舎などの関連工事（2010年、名護市辺野古）

め立て工事の対象外」として隊舎や、講堂、コンクリートプラント（生コン製造工場）の建設再開を求めてきた。沖縄県は埋め立てと関連しないか検証が必要だとして、何度も説明を求めた。

防衛局の説明はこうだ。

建設中の隊舎で生コン投入前の型枠と鉄筋を組んだ状態のままストップしている。鉄筋の腐食や、放置された型枠が台風のため危険で除去したいという。

政府が2007年1月に示した辺野古新基地建設の工事スケジュールでは、2007年12月ごろからシュワブ内の隊舎移設工事開始、2009年8月ごろから埋め立て申請手続き、2010年1月ごろから埋め立て工事と飛行場建設工事着手、２０１４年完成、とされていた。工程表には「隊舎等の建物の建設工事」も記されていた。

２００９年に誕生した民主党政権も、公約だった普天間飛行場の県外移設から辺野古移設に回帰し、その間も埋め立て工事とは別で陸上部分の「移設関連工事」は進められていった。

２０１２年３月の衆院予算委員会で田中直紀防衛相（当時）は、辺野古移設の県民合意が得られていない状況の中でもシュワブ陸上部の工事を先行していると認め、「日米合意の下に行われている」と説明した。当時から日米合意に基づき辺野古新基地建設の関連工事として、辺野古陸上部の隊舎建設などが続けられていた。

当時は、辺野古訴訟の和解ですべて止まっていた工事を、防衛局は沖縄県の容認を受けてそこに穴を開ける。

ＳＡＣＯ合意から20年、政府は海の埋め立て工事をにらみ環境を整えていった。

沖縄基地の虚実

基地の整理縮小は実現したか？⑤

――騒音規制措置のまやかし／優先する米軍の基地自由使用

日米特別行動委員会（ＳＡＣＯ）最終報告で「沖縄の負担軽減」として盛り込まれた施策は、基地施設の返還だけではない。「騒音軽減イニシアチブの実施」として、米軍機の飛行運用についての合意もいくつか結ばれた。

その一つに、米空軍嘉手納基地と米海兵隊普天間飛行場での航空機騒音規制措置がある。１９９６年４月の中間報告から盛り込まれた。両基地の周辺住民から絶えず上がっている騒音への苦情に対応して、米軍機の飛び方などについて定めたものだ。

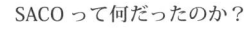

だがこの規制措置が合意されて20年以上たつが、騒音に悩まされる住民の状況は一向に変わらない。いやむしろ悪化したとさえ言える状況が続いている。

嘉手納基地には、もともと基地に配備されていない、別の基地からやってくる外来機の飛来が絶えない。もちろん飛んできた外来機は沖縄で飛行訓練を実施する。米本国のＦ22ステルス戦闘機や、お隣在韓米軍基地のＦ16戦闘機、海軍艦載機のＦＡ18戦闘攻撃機、海兵隊ＡＶ８ハリアー戦闘攻撃機などだ。既存のＦ15戦闘機などの爆音にも悩まされている上、さらに外来機の飛行が上乗せし、時には墜落事故まで起こしていく。

その上、なによりもまず航空機騒音規制措置が「ザル法」であることの問題性が再三指摘されている。規制措置では米軍機の飛行や地上の活動は、午後10時から翌朝６時まで制限することになっている。ただ、これには「米軍の運用上の所要のために必要と考えられるものに制限される」とのただし書きが付いている。この「米軍運用」を理由に、夜中の離着陸も実施されている。

２０１２年10月に沖縄の反対を押し切って配備された米海兵隊輸送機ＭＶ22オスプレイも、普天間飛行場へ夜10時を過ぎて飛来することもたびたびだ。

沖縄県も有名無実化した規制措置の実効性を求めて、政府に改善を要求する方針を固めた。２０１７年２月定例県議会で、代表質問に答えた謝花喜一郎県知事公室長は、「１９９６年に日米両政府で合意された航空機騒音規制措置は、米軍の任務に必要とされる場合、必ずしも規制に拘束されない内容となっている」と現状を指摘した。

その上で「軍転協（沖縄県軍用地転用促進・基地問題協議会＝基地に関わる諸問題について協議するために１９７７年に設置。那覇市、沖縄市など31市町村で組織。会長は県知事）と連携し、騒音をはじめ周辺住民の負担軽減が図れるよう合意から20年が経過した騒音規制措置について効果の検

住民が眠っている深夜、静寂を引き裂いて嘉手納基地を飛び立つF15戦闘機（2017年1月）

証と見直しを求めていく」と述べた。

米空軍制服組トップのデビット・ゴールドフィン参謀総長は深夜・未明の外来機離陸について、ドイツでは「地元の自治体に離陸を通告し、なぜ飛ぶのか確実に知らせていた」と述べた。だが沖縄では、運用を理由に目的などは説明されていない。ドイツと日本では地元自治体への通告について二重基準が厳然と存在する。

沖縄の日本復帰時に米軍側が確保させた「沖縄での基地の自由使用」は、今も生きている。

沖縄基地の虚実

北部訓練場部分返還は負担軽減？①

――「軽減」に隠した「配備」／オスプレイ軸に基地建設

白い砂浜に透明な海。松林の丘が広がるこの場所は、地域住民にとって潮干狩りなどを楽しむ生活の場だった。その頭上を今は、重苦しいプロペラ音を響かせ米軍機が飛び交っている。開発段階から墜落事故を繰り返し、安全性が疑問視されている米海兵隊の垂直離着陸輸送機のMV22オスプレイだ。

金武町並里区の米軍ブルービーチ訓練場。日米特別行動委員会（SACO）最終報告で盛り込まれた金武町の米軍ギンバル訓練場返還の条件とされたのが、ブルービーチへの着陸帯「スワン」の新設だった。米軍作成のオスプレイ飛行に伴う環境レビュー（審査書）で、この「スワン」が米海兵隊普天間飛行場と米軍北部訓練場を結ぶ飛行ルートの拠点と位置付けられている。

SACOは1995年11月、「沖縄の負担軽減」と「日米同盟の強化」を目的に日米両政府が

ブロックをつり下げ、離着陸訓練を繰り返すオスプレイ。右下の海岸で潮干狩りをする人が間近で飛ぶオスプレイを見上げる（2013年4月、金武町米軍ブルービーチ訓練場）

設置した。沖縄の米軍基地問題が全国的に注目されるきっかけとなった米軍人3人による少女乱暴事件から2カ月後のことだ。発足からわずか5カ月後に「中間報告」で、普天間飛行場やギンバル訓練場のすべて、北部訓練場の過半、牧港補給地区の一部など11施設の返還などを発表した。

だが返還には条件が付された。普天間飛行場は県内の海上に滑走路建設、ギンバルはブルービーチへのヘリコプター着陸帯（ヘリパッド）新設、北部訓練場の部分返還はヘリパッド移設……。その条件はすべてが、返還される基地機能を沖縄県内の別の場所に確保する「県内移設」だった。

さらに1996年のSACO最終報告と現在の状況を見比べたとき、決定的に異なる要因がある。

「ヘリの一部は２００３年ごろにオスプレイに交代予定」――最終報告が公になる直前の１９９６年11月27日付の草案文に盛り込まれていた文言だ。日米両政府はその時点でオスプレイの沖縄配備を共通認識としていた。だがその後、最終報告の発表文からは「オスプレイ」の文字は消えた。

日本政府が沖縄の反発を念頭に米側に削除を求めたからだ。

オスプレイの運用で見るとＳＡＣＯのすべてがつながる。普天間飛行場「代替施設」やブルービーチの新ヘリパッド、北部訓練場の新ヘリパッドなど、その目的は米軍側にとって、老朽化した施設の更新に加え、オスプレイの運用を軸とした訓練環境の新設だった。

沖縄基地の虚実　北部訓練場部分返還は負担軽減？②
――その隠された戦略／SACO合意のからくり

東洋のガラパゴスと称される沖縄本島北部のやんばるの森。照葉樹林が緑深く広がり、ここにしかいない貴重種が数多く生息する。山を覆うイタジイの森は、その形状から「ブロッコリーの森」と呼ばれる。

地球儀で同緯度帯を見てみると多くは砂漠帯が広がるが、沖縄は例外的に亜熱帯。ヒマラヤ山脈の存在とアジアモンスーンの影響に加え、かつては大陸とつながっていた大陸島だったという要因が重なった「奇跡の森」と言われる。

そのやんばるの森に大きく広がるのが米軍北部訓練場だ。２０１６年12月、そのほぼ半分の約4千ヘクタールが返還された。日米両政府は「歴史的な返還だ」「復帰後最大」だと大きく喧伝し、その成果をアピールした。

だが、この返還には地元住民に大きな懸念があった。返還のためには、残る訓練場に新たなへ

2016 年 12 月 13 日、名護市安部（あぶ）の海岸に近い浅瀬に墜落して大破したオスプレイ。現場は米軍の規制線が張られ、県警、海上保安庁、県知事、名護市長も近づけなかった（2016 年 12 月 14 日）

リコプター着陸帯（ヘリパッド）を増設するのが条件とされたからだ。これも日米特別行動委員会（ＳＡＣＯ）最終報告で合意された事項だ。

ベトナム戦争時代には北部訓練場では「ベトナム村」として戦場に見立てて、住民もかり出されて訓練も行われた。新設される六つのヘリパッドは、沖縄県東村の高江集落を取り囲むような位置に設置され、住民にとっては、かつての「ベトナム村」のように集落を標的にしているのではないかと不安を隠せない。

２０１２年に沖縄県民の反対を押し切って配備された米海兵隊輸送機ＭＶ22オスプレイが、ヘリパッド使用のため低空で行き交う。パイロットと目が合うほどの距離だ。

近くの木に巣を作っている国の特別天然記念物ノグチゲラも驚いてなかなか飛び立てない。

米海兵隊普天間飛行場の移設で沖縄県と対立が続く状況の中で日本政府は、北部訓練場の過半の返還を沖縄の負担軽減進展の大きな目玉と位置付けていた。

だが実はこの返還対象部分は米軍側が「不要」と認識していた土地だった。米海兵隊が2013年に太平洋地域の基地運用計画についてまとめた「戦略展望2025」で、北部訓練場について「最大で約51％の使用不可能な北部演習場を日本政府に返還する間に、限られた土地を最大限に活用する訓練場が新たに開発される」と指摘している。


日本における米軍基地などの取り扱いを定めた日米地位協定は、米軍が使用する施設が不要になれば日本側に返還しなければならないと定めている。だが日米両政府は、この返還とヘリパッドの新施設提供をパッケージにした。米軍にとっては「使用不可能」な土地を返上して、その代わりに新たなヘリパッドを得る、そういうからくりがこのSACO合意には仕組まれていた。

訓練場が部分返還され、新設されたヘリパッドを使ってオスプレイが飛び交う。そんな生活環境に耐えられず、隣村に引っ越した住民も出た。政府が「復帰後最大」と誇示した北部訓練場の部分返還の後も、沖縄には日本全国の米軍専用施設面積の7割が集中している。

ドキュメント

13時0分　参加者が会場に集まり始める

13・36　翁長雄志知事、稲嶺進名護市長がそれぞれ会場入り。集まった参加者から拍手が起こる

14・02　県民大会開始。会場で配布された「NO辺野古新基地」「我々はあきらめない」と書かれたメッセージボードを参加者全員で掲げ、メッセージを発信

オスプレイ撤回を

県民大会に4万5000人

県民大会宣言

県民大会特別決議

SHOGAKUIN
予備校 尚学院 SAIBA

■ニュース・情報提供 098-865-5158
■広告のお申し込み 0120-43-5059
■購読・配達の問い合わせ 0120-39-5069
■本社事業案内 098-865-5256
■読者相談室 098-865-5656

琉球新報
THE RYUKYU SHIMPO 第38996号
2017年 8月13日 （旧6月22日）
発行所 琉球新報社 〒900-8525 那覇市天久905

辺野古新基地ノー

「我々はあきらめない」と記したメッセージボードを掲げる県民大会参加者=12日午後3時22分、那覇市の奥武山公園陸上競技場（大城直也撮影）

埋め立て承認撤回へ

知事「必ず」、決意再び

辺野古新基地建設の断念を求め、米軍普天間飛行場所属の垂直離着陸輸送機MV22オスプレイの配備撤回・飛行禁止を訴える「翁長知事を支え、辺野古に新基地を造らせない県民大会」（辺野古に新基地を造らせないオール沖縄会議主催）が12日、那覇市の奥武山公園陸上競技場で開かれ、主催者発表で4万5千人が集まった。「地方自治と民主主義、人権を守るため、この不条理にあらがい続ける」と掲げた大会宣言のほか、オーストラリアでのオスプレイ墜落事故を受けて配備撤回・飛行禁止を求める特別決議も採択した。登壇した翁長雄志知事は「あらゆる情報を精査し、撤回の時期について私の責任で決断する」と公有水面埋め立て承認の撤回に改めて決意を示した。

「日本の独立、神話だ」

知事、米追従を批判

「県民大会」で登壇した翁長雄志知事=12日、那覇市の奥武山公園陸上競技場

天気は3面、テレビは20面に移しました

「辺野古に新基地を造らせない県民大会」報道のため、特別編成の紙面にしました。「金口木舌」「天気」「日曜の風」は3面に、テレビ面は20面に移しました。「平和のうた」「りゅうちゃんクイズ」は休みました。「てみた。」は26面に掲載しています。

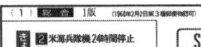

全島エイサー

笑顔、躍動 心躍る

夏の風物詩、第62回沖縄全島エイサーまつりが17日、沖縄市のコザ運動公園で開催された。各地域で育まれた演舞や創作エイサーなどが披露され、詰め掛けた多くの観客を魅了した。熱気あふれる、県内最大のエイサーまつりを写真で紹介する。

（撮影・花城太、又吉康秀、新里圭蔵、具志堅千恵子）

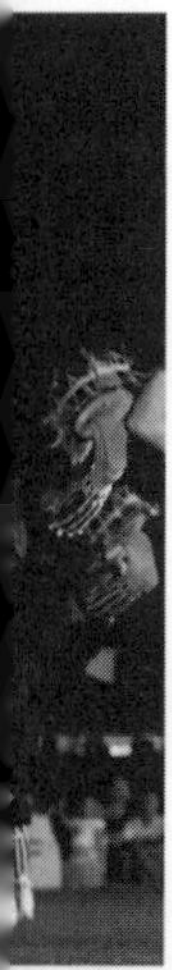

沖縄市中の町青年会

勇壮で躍動感のある踊りで観客を魅了した沖縄市中の町青年会

沖縄市松本子ども会

ゆっくりとした曲調とアップテンポな曲調を織り交ぜダイナミックな踊りを見せた沖縄市松本子ども会

嘉手納町千原エイサー保存会

力強い演舞を披露する嘉手納町千原エイサー保存会

琉球國祭り太鼓

総勢約200人でアップテンポの曲にのせて舞う琉球國祭り太鼓

うるま市平敷屋青年会（西）

素手でパーランクーを手に素朴な踊りを見せる、うるま市平敷屋青年会（西）

沖縄市久保田青年会

力強くジャンプしながら大太鼓をたたく沖縄市久保田青年会

読谷村高志保青年会

締太鼓を蹴り上げ、激しい動きで舞う読谷村高志保青年会

沖縄市池原青年会

やわらかくしなやかなバチさばきで演舞する沖縄市池原青年会

うるま市石川エンサー保存会

男だけの締太鼓など「静」と「動」の演舞をするうるま市石川エンサー保存会

読谷村楚辺青年会

笑顔で楽しく男踊りを披露する読谷村楚辺青年会

北谷町栄口区青年会

なめらかで優雅な手踊りを披露する北谷町栄口区青年会

■ニュース・情報提供
098-865-5158
■広告のお申し込み
0120-43-5059
■購読・配達の問い合わせ
0120-39-5069
■本社事業案内
098-865-5256
■読者相談室
098-865-5656

琉球新報

THE RYUKYU SHIMPO　第39026号

(日刊)
2017年(平成29年)
9月13日水曜日
[旧7月23日・大安]

発行所 琉球新報社 ©琉球新報社2017年
〒900-8525 那覇市天久905 電話098-865-5111

チビチリガマ損壊

沖縄戦「集団自決」の壕

遺骨、遺品荒らされる

読谷

【読谷】沖縄戦で住民が「集団自決」(強制集団死)に追い込まれた、読谷村波平の自然壕「チビチリガマ」の内部や入り口が、何者かによって荒らされているのが12日、見つかった。チビチリガマの証言収集などに長年携わっている元村議の知花昌一さん(69)が知人を案内するため、同日午前11時ごろに訪ねた時に発覚した。ガマ内部の遺骨や沖縄戦当時のびんやつぼといった遺品などが荒らされていた。遺族らは「言葉が出ない。ひどすぎる」と悲しんだ。

(28、29面に関連)

荒らされていたチビチリガマ=12日、読谷村波平

87年に右翼団体も破壊

チビチリガマは、1987年11月にも彫刻家金城実さん(79)が制作した「世代を結ぶ平和の像」が右翼団体員に破壊されたことがある。

遺品の急須などが割られていたほか、平和学習で県内外から訪れた中高生らがささげた折り鶴は引きちぎられ、ガマの入り口にある「世代を結ぶ平和の像」の石垣は破壊されていた。彫刻家の金城さんが作詞したチビチリガマの歌の碑や、立ち入り禁止の看板も引き抜かれ倒されていた。

チビチリガマの遺族会によると、5日までは荒らされた様子はなかったという。「―平和の像」や香炉は残されていた。

遺族会の与那覇徳雄会長は遺品や小さい骨がある場所まで荒らされたことについて「残された人にとっても侮辱だ。骨にも手を掛けられていて、ひどすぎる」と憤りを震わせた。

石嶺伝実・読谷村長は同日午後、現場を訪れ「ずっと(沖縄戦の)継承事業をやってきた。常識では考えられない行動だ。遺族の悲しみを推し量ると残念だ」と述べた。

嘉手納署が午後に現場を確認した。遺族会は村と相談しながら被害届を出すかどうか検討する。

チビチリガマは95年に遺族らによって像が再建された。遺族会によると、4～5年前にも香炉が破壊されたことがあった。

チビチリガマ　読谷村波平にある自然壕。1945年4月の沖縄戦で米軍が上陸したことに伴い、周辺の住民140人が避難。4月2日、米軍の投降に応じずに83人が「集団自決」(強制集団死)に追い込まれた。事実は長い間表に出なかったが、83年に作家・下嶋哲朗さんや住民による調査で全容が明らかになった。

世界遺産登録へ 来月に沖縄調査

IUCN、本島北部と西表

世界自然遺産登録を目指す「奄美大島、徳之島、沖縄島北部及び西表島」の4カ所について環境省は12日、遺産登録の可否を勧告する国際自然保護連合(IUCN)の専門家による現地視察が10月11日から20日に実施されると発表した。現時点で来日する専門家や調査日程などの詳細は分かっていない。

(28面に関連)

IUCNは国連教育科学文化機関(ユネスコ)の諮問機関で、政府から正式な推薦書が出された遺産候補地の現状や持続可能な環境保全の対策が講じられているかなどを確認する。

沖縄本島北部は推薦地と米軍北部訓練場が隣接し、名護市辺野古では普天間飛行場の代替施設の工事も進められているため、外来種対策や環境保全の観点など

宮古・八重山けさ暴風

台風18号 与那国午後

強い台風18号は12日午後9時現在、宮古島の南東約330キロを時速約30キロで西北西に進んでいる。非常に強い勢力となり、13日昼すぎから夜遅くにかけて先島地方にかなり接近する見込み。宮古島地方は13日明け方から、八重山地方では同日朝から暴風となる見込み

掛けている。(29面に関連)

12日午後9時現在、台風の中心気圧は965ヘクトパスカル、中心付近の最大風速は40メートル。13日午前9時には、宮古島の南南東約110キロを中心とする半径70キロの円内に達する見込みで、中心気圧935ヘクトパスカルまで発達。予報円の半径240キロ以内が暴風域に入る恐れがある。

沖縄気象台によると、八重山地方への最接近は13日夕方から夜遅く、宮古島地方は同日昼すぎから夕方と

◆――あとがき

２０１３年１月27日。沖縄の多くの人々が初めて沖縄ヘイト（憎悪）を実感した日だったかもしれない。

この日、沖縄の全41市町村長と市町村議会議長（代理含む）、県議ら約１４０人が大挙して上京した。日比谷公園で開かれた米海兵隊の垂直離着陸輸送機ＭＶ22オスプレイの沖縄への配備の撤回を求める集会のためだ。集会には約４千人（主催者発表）が集まり、盛り上がりを見せた。

一行が驚いたのは、銀座までのデモ行進の時だった。

数寄屋橋交差点付近に陣取った団体が日章旗を振り、行進する沖縄の人々に向かって「売国《ばいこく》奴《ど》」「イヤなら日本から出て行けー」と絶叫したのだ。

さらに一行を打ちのめしたのは、行進を一瞥《いちべつ》もしない銀座の人々だった。

その夜の懇親会は、そのショックが抜けきれず、みな言葉少なだったという。

自民党系のある首長は「ぼくらは日米安保の重要性は分かっていて、日本の一員として米軍基地にも協力してきた。ただ、危険なオスプレイは配備するなと言っているだけだ。それなのに『売国奴』とは……」と絶句した。

那覇市長で、沖縄県市長会会長として参加した翁長雄志知事は当時、「知事や県議会、41市町村長、市町村議会が結束して訴えても、日本政府・国民は一顧だにしない」と嘆いた。

集会の1か月前に誕生した安倍政権は「決められる政治」を掲げて、米軍普天間飛行場の移設先とする名護市辺野古の新基地建設を強硬に進めてきた。

辺野古新基地建設の阻止を訴えた翁長知事が2014年に当選し、国との対決姿勢を鮮明にすると、なぜか、沖縄ヘイトも激しくなってきた。本当になぜか？　だ。

ここ数年、誰かを叩く「バッシング」が「祭り」のように繰り返されている。嫌韓嫌中バッシング、在日韓国人へのバッシング、公務員バッシング、生活保護バッシング……。必ずしも事実に基づかなくてもいい。自分に都合の良い言説で、誰かを叩けばガス抜きになってストレス解消になる。

沖縄もその標的だ。

基地で潤っているんだろう。基地がなくなれば困るのは沖縄だ。どうせ金目当てで反対するふりをしている。反対しているのはプロ市民で沖縄の人はいない。普天間基地がなくなれば中国に攻められる。つべこべ言わずに国に従え――。

私事だが、２０１３年４月に東京支社勤務となった。その前の年に基地と沖縄経済に関する連載「ひずみの構造」を担当していた私は、東京でほとんどの政治家や官僚、記者仲間が「沖縄は基地で食っている」と信じ切っていることに愕然とした。

彼らに「沖縄の基地収入は県民総所得の何パーセントか知っているか」と聞くと、答えは3割とか、5割だった。正解は本書を読めば分かるだろう。5%を小さいとは言わないが、これで食っていると言われるほど大きなものだろうか。

全国の米軍専用施設の70・4%は沖縄に集中している。米軍基地を一部でも肩代わりしようという自治体は一つもない。基地負担を少しでも引き受けるという政治家もいない。日米安保という安全保障の恩恵は受けるが、自分の家の裏庭に米軍がくるのはごめんこうむる。沖縄に基地を押し付けているのは日本国民全員だ。その後ろめたさから「金さえ与えればいいだろう」「地政学的に沖縄は仕方ない」という言い訳を用意する。

その言い訳を信じたほうが心は痛まないから、沖縄の基地の実情を知ろうとしない。そして無知に乗じて、フェイク（偽）の沖縄言説がネット上で広がり続けている。

そのフェイクに反論し、実証によって沖縄のことを知ってほしいと願った記者たちによって、この本は生まれた。

フェイクにおぼれていると、すぐ目の前にある問題も歪んで見えて、手を伸ばしても何もつかめない。でも、真実を知ったら、次の策が見つかるのではないか。本書をお読みいただいた皆さまに沖縄で起きている真実を知っていただければ、こんなにうれしいことはありません。

最後に、本書の出版に尽力いただいた高文研の山本邦彦さんに感謝を申し上げます。

２０１７年9月10日

琉球新報社政治部長　**島　洋子**

執筆者一覧（肩書きは連載執筆当時）

・小那覇安剛（おなは・やすたけ　社会部長）
・滝本　匠（たきもと・たくみ　政治部県政キャップ）
・当銘寿夫（とうめ・ひさお　政治部記者）
・仲井間郁江（なかいま・いくえ　政治部記者）
・島袋良太（しまぶくろ・りょうた　政治部記者）
・金良孝矢（きんら・たかや　政治部記者）
・赤嶺可有（あかみね・こう　政治部記者）
・仲村良太（なかむら・りょうた　東京報道部記者）
・宮城久緒（みやぎ・ひさお　北部報道部長）
・古堅一樹（ふるげん・かずき　北部報道部記者）
・安富智希（やすとみ・ともき　中部報道部記者）

私たちの行動は　権力に大きな影響を及ぼす

つなげ　新基地ノー

手を取り合い、人間の鎖で辺野古の新基地建設に抗議する参加者＝22日午後2時47分

【辺野古問題取材班】米軍普天間飛行場移設に伴う護市辺野古への新基地建設に反対し、大浦湾の埋めて阻止を訴える「人間の鎖大行動」（基地の県内移に反対する県民会議主催）が22日午後、辺野古の米軍キャンプ・シュワブ前で行われた。約2千人（主催者発表）が参加した。国道329号のフェンス沿い約1.2キロで参加者が手をつないで基地を囲み、ゲート4カ所を一時封鎖した。　（2、26、27、31面に関連）

シュワブ前2000人が人間の鎖

琉球新報【琉球新報社】

1893年9月15日に沖縄初の新聞として創刊。1940年、政府による戦時新聞統合で沖縄朝日新聞、沖縄日報と統合し「沖縄新報」設立。戦後、米軍統治下での「ウルマ新報」「うるま新報」を経て、1951年のサンフランシスコ講和条約締結を機に題字を「琉球新報」に復題。現在に至る。

各種のスクープ、キャンペーン報道で、4度の日本新聞協会賞のほか、日本ジャーナリスト会議（ＪＣＪ）賞、石橋湛山記念早稲田ジャーナリズム大賞、平和・協同ジャーナリスト基金賞、新聞労連ジャーナリズム大賞、日本農業ジャーナリスト賞など、多数の受賞記事を生んでいる。

これだけは知っておきたい
沖縄フェイク（偽）の見破り方

●二〇一七年一〇月二五日――第一刷発行

編著者／琉球新報社編集局

発行所／株式会社 高文研
東京都千代田区猿楽町二―一―八
三恵ビル（〒一〇一＝〇〇六四）
電話 03＝3295＝3415
振替 00160＝6＝18956
http://www.koubunken.co.jp

印刷・製本／シナノ印刷株式会社

★万一、乱丁・落丁があったときは、送料当方負担でお取り替えいたします。

ISBN978-4-87498-636-3 C0036